高等数学

医药类 · 练习册

高等院校公共基础课教材配套用书

侯丽英　张圣勤　主编

復旦大學出版社

·本书编委会·

主　　　编　侯丽英　张圣勤

副 主 编　贾其锋　王　川

编委会成员（按姓氏笔画排序）

　　　　　　于　梅　王　川　吕兴汉

　　　　　　张圣勤　侯丽英　贾其锋

扫码获取参考答案

目　录

第一章　函数与极限 ... 001
　　练习 1-1　函数 ... 001
　　练习 1-2　极限 ... 003
　　练习 1-3　函数的连续性 ... 005
　　第一章测试题 ... 007

第二章　导数与微分 ... 010
　　练习 2-1　导数的概念 ... 010
　　练习 2-2　求导法则 ... 011
　　练习 2-3　微分 ... 013
　　练习 2-4　导数的应用 ... 015
　　第二章测试题 ... 017

第三章　一元函数积分学 ... 020
　　练习 3-1　不定积分 ... 020
　　练习 3-2　定积分 ... 022
　　练习 3-3　积分的应用 ... 025
　　第三章测试题 ... 027

第四章　微分方程 ... 029
　　练习 4-1　微分方程的基本概念 ... 029
　　练习 4-2　一阶微分方程 ... 031
　　练习 4-3　可降阶的二阶微分方程 ... 033
　　练习 4-4　二阶常系数线性微分方程 ... 034
　　练习 4-5　微分方程在医药学中的应用 ... 036
　　第四章测试题 ... 037

第五章　多元函数微积分 041
　　练习 5-1　空间直角坐标系 041
　　练习 5-2　多元函数的基本概念 043
　　练习 5-3　偏导数与全微分 044
　　练习 5-4　复合函数与隐函数的偏导数 046
　　练习 5-5　多元函数的极值 048
　　练习 5-6　二重积分 049
　　第五章测试题 052

第六章　线性代数初步 055
　　练习 6-1　行列式及其性质 055
　　练习 6-2　行列式的展开与应用 057
　　练习 6-3　矩阵代数 059
　　练习 6-4　矩阵的初等变换与秩 062
　　练习 6-5　线性方程组 064
　　练习 6-6　线性代数在医学中的应用 066
　　第六章测试题 068

第七章　概率论基础 072
　　练习 7-1　随机事件及其概率 072
　　练习 7-2　随机变量及其分布 074
　　练习 7-3　随机变量的数字特征 076
　　练习 7-4　大数定律和中心极限定理 078
　　第七章测试题 080

第八章　MATLAB 软件应用简介 083
　　练习 8-1　MATLAB 操作基础 083
　　练习 8-2　函数作图 085
　　练习 8-3　微积分运算 087
　　练习 8-4　符号方程的求解 089
　　练习 8-5　线性代数计算 090
　　第八章测试题 092

第一章 函数与极限

练习 1-1 函 数

一、选择题

1. 函数 $f(x)=\ln\dfrac{1+x}{1-x}$ 的定义域是（　　）．

　　A. $(-\infty,-1)\cup(-1,+\infty)$　　　　B. $(-1,1)\cup(1,+\infty)$

　　C. $(-\infty,-1)\cup(-1,1)\cup(1,+\infty)$　　D. $(-1,1)$

2. 在实数范围内，下列各对函数表示同一个函数的是（　　）．

　　A. $f(x)=\dfrac{x}{x},\ g(x)=1$

　　B. $f(x)=\sqrt[3]{x^4-x^3},\ g(x)=x\sqrt[3]{x-1}$

　　C. $f(x)=\lg x^2,\ g(x)=2\lg x$

　　D. $f(x)=\dfrac{x^2-1}{x-1},\ g(x)=x+1$

3. 设 $f(x)=\mathrm{e}^x$，则下列等式成立的是（　　）．

　　A. $f(x)+f(y)=f(xy)$

　　B. $f(x)\cdot f(y)=f(xy)$

　　C. $f(x+y)=f(x)\cdot f(y)$

　　D. $f(xy)=f(x+y)$

4. 设 $f(x)=x^3+1$，则 $f(x^3+1)=$（　　）．

　　A. x^3+1　　　　　　　　　　　B. x^6+2

　　C. x^9+2　　　　　　　　　　　D. $x^9+3x^6+3x^3+2$

二、填空题

1. 设 $f(x)=\begin{cases}2^x, & -1\leqslant x<0,\\ 2, & 0\leqslant x<1,\\ x-1, & 1\leqslant x\leqslant 3,\end{cases}$ 则 $f(x)$ 的定义域是 _____；$f(0)=$ _____；$f(1)=$ _____．

2. 函数 $y=-\sqrt{x-1}$ 的反函数是 _____．

3. 函数 $\arcsin(1-x)+\lg(\lg x)$ 的定义域是 _____．

4. 函数 $y = \sqrt{\tan(2x)}$ 由 _____ 复合而成.

三、解答题

1. 下列函数中哪些是奇函数？哪些是偶函数？哪些是非奇非偶函数？

(1) $y = x^2(1+x^2)$. (2) $y = x(x+1)(x-1)$. (3) $y = \dfrac{e^x + e^{-x}}{2}$.

(4) $y = x^2 - 3x^3$. (5) $y = \dfrac{e^x - e^{-x}}{2}$. (6) $y = \sin x + \cos x + 1$.

2. 下列函数中哪些是周期函数？对于周期函数，指出其周期.
(1) $y = \sin 4x$.   (2) $y = \cos(x+2)$.   (3) $y = x \sin x$.   (4) $y = \sin^2 x$.

3. 设 $f(x) = \begin{cases} e^x, & x < 1, \\ x, & x \geqslant 1, \end{cases}$ $g(x) = \begin{cases} x+2, & x < 0, \\ x^2 - 1, & x \geqslant 0, \end{cases}$ 求 $f[g(x)]$.

4. 设 xOy 平面上有正方形 $D = \{(x,y) \mid 0 \leqslant x \leqslant 1, 0 \leqslant y \leqslant 1\}$ 及直线 $x+y = t (t \geqslant 0)$. 若 $S(t)$ 表示正方形 D 位于直线左下方部分的面积，试求 $S(t)$ 与 t 之间的函数关系.

练习 1-2 极 限

一、选择题

1. 函数 $y=f(x)$ 在 x_0 处有定义是极限 $\lim\limits_{x\to x_0} f(x)$ 存在的( ).

　　A. 充分条件　　　　　　　　B. 必要条件
　　C. 充要条件　　　　　　　　D. 既不充分也不必要条件

2. 函数 $y=f(x)$ 的左极限 $\lim\limits_{x\to x_0^-} f(x)$ 和右极限 $\lim\limits_{x\to x_0^+} f(x)$ 都存在且相等是 $\lim\limits_{x\to x_0} f(x)$ 存在的( ).

　　A. 充分条件　　　　　　　　B. 必要条件
　　C. 充要条件　　　　　　　　D. 既不充分也不必要条件

3. 当 $x\to\infty$ 时，$x\sin\dfrac{1}{x}=$( ).

　　A. 1　　　　B. 0　　　　C. ∞　　　　D. 无法确定

4. 当 $x\to\infty$ 时，$f(x)=\dfrac{1}{x}\sin x$ ( ).

　　A. 为无穷大量　　B. 为无穷小量　　C. 没有极限　　D. 为有界变量

5. 当 $x\to 0$ 时，$(1-\cos x)^2$ 与 $\sin^2 x$ 相比是( ).

　　A. 同阶无穷小量　　B. 等价无穷小量　　C. 高阶无穷小量　　D. 低阶无穷小量

二、填空题

1. $\lim\limits_{x\to 0} x\sin\dfrac{1}{x}=$ _____.

2. 设 $f(x)=\begin{cases}\dfrac{\sin x}{2x}, & x>0,\\ (1+ax)^{\frac{1}{x}}, & x<0,\end{cases}$ 则 $a=$ _____ 时, $\lim\limits_{x\to 0} f(x)$ 存在.

3. $\lim\limits_{x\to 0}\dfrac{1-\cos x}{x}=$ _____.

4. $\lim\limits_{x\to\infty}\dfrac{x^3+2x+1}{x^2-1}=$ _____.

三、解答题

1. 下列陈述中，哪些是对的，哪些是错的？如果是对的，说明理由；如果是错的，请给出反例.

　　(1) 如果 $\lim\limits_{x\to x_0} f(x)$ 存在，但 $\lim\limits_{x\to x_0} g(x)$ 不存在，那么 $\lim\limits_{x\to x_0}[f(x)+g(x)]$ 不存在.

(2) 如果 $\lim\limits_{x \to x_0} f(x)$ 和 $\lim\limits_{x \to x_0} g(x)$ 都不存在，那么 $\lim\limits_{x \to x_0} [f(x) + g(x)]$ 不存在.

(3) 如果 $\lim\limits_{x \to x_0} f(x)$ 存在，但 $\lim\limits_{x \to x_0} g(x)$ 不存在，那么 $\lim\limits_{x \to x_0} [f(x) \cdot g(x)]$ 不存在.

2. 求下列极限：

(1) $\lim\limits_{x \to 1} \dfrac{x^3 - 3x + 2}{x^2 - 2x + 1}$.

(2) $\lim\limits_{n \to \infty} \left(\dfrac{1}{n^2} + \dfrac{2}{n^2} + \cdots + \dfrac{n}{n^2} \right)$.

(3) $\lim\limits_{x \to 0} \dfrac{\sqrt{1+x} - \sqrt{1-x}}{x}$.

(4) $\lim\limits_{n \to \infty} \left(1 + \dfrac{1}{2} + \dfrac{1}{4} + \cdots + \dfrac{1}{2^n} \right)$.

(5) $\lim\limits_{x \to 0} \dfrac{x}{\sin 3x}$.

(6) $\lim\limits_{x \to 0} \dfrac{\tan x - \sin x}{\sin^3 x}$.

(7) $\lim\limits_{x \to \infty} \left(1 + \dfrac{4}{x} \right)^{x+1}$.

(8) $\lim\limits_{x \to 0} (1 - 4x)^{\frac{1-x}{x}}$.

练习 1-3 函数的连续性

一、选择题

1. 当 $x \to x_0$ 时，函数 $f(x)$ 存在极限是函数 $f(x)$ 在 x_0 处连续的（   ）.
   A. 充分条件　　　B. 必要条件　　　C. 充要条件　　　D. 既不充分也不必要条件

2. $x=0$ 是 $f(x)=x \cdot \sin \dfrac{1}{x}$ 的（   ）.
   A. 可去间断点　　B. 跳跃间断点　　C. 无穷间断点　　D. 振荡间断点

3. $x=0$ 是函数 $f(x)=\begin{cases}\dfrac{\sin x}{|x|}, & x\neq 0,\\ 0, & x=0\end{cases}$ 的（   ）.
   A. 可去间断点　　B. 跳跃间断点　　C. 无穷间断点　　D. 振荡间断点

4. 函数 $f(x)=\dfrac{x^2-1}{x^2-3x+2}$ 的连续区间是（   ）.
   A. $(-\infty,1)\cup(1,+\infty)$　　　　B. $(-\infty,2)\cup(2,+\infty)$
   C. $(-\infty,2)\cup(1,+\infty)$　　　　D. $(-\infty,1)\cup(1,2)\cup(2,+\infty)$

二、填空题

1. 如果 $\lim\limits_{x\to x_0^+}f(x)=f(x_0)$，则称函数 $f(x)$ 在点 x_0 _____.

2. 欲使函数

$$f(x)=\begin{cases}\dfrac{\ln(1+x)}{x}, & x>0,\\ a, & x\leqslant 0\end{cases}$$

在 $x=0$ 处连续，则 $a=$ _____.

3. 函数 $f(x)=\begin{cases}\dfrac{\sin x}{x}, & x\neq 0,\\ 0, & x=0\end{cases}$ 的间断点是 _____，为第 _____ 类间断点.

4. $\lim\limits_{x\to 0}\sqrt{x^2-2x+5}=$ _____.

三、解答题

1. 求函数 $f(x)=\dfrac{x^3+3x^2-x-3}{x^2+x-6}$ 的连续区间，并求 $\lim\limits_{x\to 0}f(x)$，$\lim\limits_{x\to -3}f(x)$，$\lim\limits_{x\to 2}f(x)$.

2. 求 $\lim\limits_{x\to 0}\dfrac{\sqrt{x+1}-1}{x}$.

3. 求 $\lim\limits_{x\to\infty}\left(\dfrac{3+x}{6+x}\right)^{\frac{x-1}{2}}$.

4. 设 $f(x)=\lim\limits_{n\to\infty}\dfrac{1+x}{1+x^{2n}}$，求 $f(x)$ 的间断点，并说明间断点的类型.

5. 证明方程 $x^5-3x=1$ 至少有一个根介于 1 和 2 之间.

第一章测试题

一、判断题

1. 函数必须有自变量,所以 $y=1$ 不是函数.（　　）
2. $y=\arcsin(2x)$ 是一个基本初等函数.（　　）
3. 无穷小量是非常小的数.（　　）
4. 在某一极限过程中,无穷多个无穷小量之和不一定是无穷小量.（　　）
5. 若函数 $f(x)$ 在点 x_0 处连续,则函数 $f(x)$ 在点 x_0 处一定存在极限.（　　）
6. 在 (a,b) 内的连续函数,在该区间内一定有最大值和最小值.（　　）

二、选择题

1. 设 $f(x)=\ln x$,则下列式子成立的是（　　）.
   A. $f(x)+f(y)=f(xy)$　　　　B. $f(x)\cdot f(y)=f(xy)$
   C. $f(x+y)=f(x)\cdot f(y)$　　D. $f(xy)=f(x+y)$

2. 函数 $y=\dfrac{a^x+1}{a^x-1}(a>1)$ 是（　　）.
   A. 偶函数　　　　　　　　　B. 奇函数
   C. 非奇非偶函数　　　　　　D. 奇偶函数

3. 在某个极限过程中,如果 $f(x)$ 是无穷小量,$g(x)$ 是无穷大量,则 $\dfrac{f(x)}{g(x)}$ 一定是（　　）.
   A. 有界变量　　　　　　　　B. 无穷小量
   C. 无穷大量　　　　　　　　D. 以上都不对

4. 当 $x\to 1$ 时,无穷小量 $x-1$ 与 $\dfrac{1}{2}(x^2-1)$ 相比是（　　）.
   A. 同阶无穷小量　　　　　　B. 高阶无穷小量
   C. 等价无穷小量　　　　　　D. 低阶无穷小量

5. 下列条件

   ① 函数 $f(x)$ 在 x_0 处有定义,② $\lim\limits_{x\to x_0}f(x)$ 存在

   是函数 $f(x)$ 在 x_0 处连续的（　　）.
   A. 充分条件　　　　　　　　B. 充要条件
   C. 必要条件　　　　　　　　D. 既不充分也不必要条件

6. 设
$$f(x)=\dfrac{e^{\frac{1}{x}}+1}{e^{\frac{1}{x}}-1},$$

则 $x=0$ 是 $f(x)$ 的( ).

A. 可去间断点　　B. 振荡间断点　　C. 无穷间断点　　D. 跳跃间断点

三、填空题

1. 函数 $y=\sqrt{3-x}+\arctan\dfrac{1}{x}$ 的定义域是 _____.

2. 函数 $y=\dfrac{2^x}{2^x+1}$ 的反函数是 _____.

3. 函数 $y=\lg\tan(e^x)$ 是由 _____ 复合而成.

4. $\lim\limits_{x\to\infty}\dfrac{\sin x}{x}=$ _____.

5. 设 $f(x)=\begin{cases}x-1,&-1<x\leqslant 0,\\ x,&x>0,\end{cases}$ 则 $\lim\limits_{x\to 0}f(x)$ _____.

6. 设函数

$$f(x)=\begin{cases}(\cos x)^x,&0<|x|<\dfrac{\pi}{2},\\ a,&x=0\end{cases}$$

在 $x=0$ 处连续,则 $a=$ _____.

四、计算题

1. 求函数 $y=\sqrt{x^2-x-6}+\arcsin\dfrac{2x-1}{7}$ 的定义域.

2. 设 $\lim\limits_{x\to 2}\dfrac{x^2+ax+b}{x^2-x-2}=2$,试求 a,b.

3. 求 $\lim\limits_{x\to 0}\dfrac{x^3-2x^2+x}{3x^2+2x}$.

4. 求 $\lim\limits_{x \to 1} \dfrac{\sqrt{5x-4} - \sqrt{x}}{x-1}$.

5. 求 $\lim\limits_{x \to 0} \ln\left(\dfrac{\sin x}{x}\right)$.

6. 求 $\lim\limits_{x \to 0} \left(\dfrac{a^x + b^x + c^x}{3}\right)^{\frac{1}{x}}$ $(a > 0, b > 0, c > 0)$.

7. 指出函数 $y = \dfrac{x}{\tan x}$ 的间断点，并判定间断点的类型.

五、证明题

证明方程 $\sin x + x + 1 = 0$ 在开区间 $\left(-\dfrac{\pi}{2}, \dfrac{\pi}{2}\right)$ 内至少有一个根.

第二章 导数与微分

练习 2-1 导数的概念

一、选择题

1. 函数 $f(x)$ 在点 x_0 处连续是在该点可导的( ).
   A. 必要但不充分条件 B. 充分但不必要条件
   C. 充要条件 D. 无关条件

2. 曲线 $y = e^{2x}$ 在 $x=1$ 处切线的斜率是( ).
   A. e^4 B. e^2 C. $2e^2$ D. 2

3. 曲线 $y = x^2 - 2x$ 上切线平行于 x 轴的点是( ).
   A. $(0, 0)$ B. $(1, -1)$ C. $(-1, -1)$ D. $(1, 1)$

二、填空题

1. $y = \dfrac{3}{x}$ 在 $x_0 = 2$ 处的导数为 _____.

2. 曲线 $y = \sqrt{x}$ 在点 $(4, 2)$ 处的切线方程是 _____.

3. 若直线 $y = \dfrac{1}{2}x + b$ 是抛物线 $y = x^2$ 在某点处的法线,则 $b = $ _____.

三、解答题

1. 用导数定义求函数 $y = ax + b$ 的导函数.

2. 若 $f(x) = \begin{cases} e^{ax}, & x < 0 \\ b + \sin 2x, & x \geq 0 \end{cases}$,在 $x = 0$ 处可导,求 a, b 的值.

练习 2-2 求 导 法 则

一、选择题

1. 下列函数中( )的导数不等于 $\frac{1}{2}\sin 2x$.

A. $\frac{1}{2}\sin^2 x$ B. $\frac{1}{4}\cos 2x$ C. $-\frac{1}{2}\cos^2 x$ D. $1-\frac{1}{4}\cos 2x$

2. 设 $y=\ln(x+\sqrt{x^2+1})$,则 $y'=($).

A. $\dfrac{1}{x+\sqrt{x^2+1}}$ B. $\dfrac{2x}{x+\sqrt{x^2+1}}$

C. $\dfrac{1}{\sqrt{x^2+1}}$ D. $\dfrac{x}{\sqrt{x^2+1}}$

3. 设 $y=e^{2x}$,求 $y''|_{x=0}=($).
A. 2 B. 4 C. 6 D. 8

二、填空题

1. $(x^{3.1})'=$ _____ ; $(\ln x^7)'=$ _____ ; $(\sin^3 x)'=$ _____ .

2. 已知 $y=\sqrt{x}\sin x$,则 $\dfrac{dy}{dx}=$ _____ .

3. 已知 $y=\dfrac{1}{4}x^4$,则 $y''=$ _____ , $y''(2)=$ _____ .

4. 设 $f(x)$ 为可导函数,$f'(1)=1$,$F(x)=f\left(\dfrac{1}{x}\right)+f(x^2)$,则 $F'(1)=$ _____ .

5. 设方程 $e^y-e^x+xy=0$ 可确定 y 是 x 的隐函数,则 $\dfrac{dy}{dx}\bigg|_{x=0}=$ _____ .

三、计算题

1. 求下列函数的导数:

(1) $y=\dfrac{x^3+3\sqrt{x}+2x\sqrt[3]{x}}{x}$; (2) $y=\dfrac{\sin^2 x}{\sin x^2}$;

(3) $y=\ln[\ln(\ln\sqrt{x})]$;   (4) $y=\sqrt{x^2+1}\ln 2x$;

(5) $y=\dfrac{(x-1)^3\sqrt{x-5}}{\sqrt[3]{2x+1}}$;   (6) $y=x^{\cos x}$.

2. 求下列方程所确定的隐函数的导数：
(1) $e^{x+y}-xy=1$;   (2) $x^y=y^x$.

3. 求下列函数的二阶导数：
(1) $y=e^{x^3}$;   (2) $y=3e^{2x}+2\ln x+\cos 2x$.

练习 2-3 微   分

一、选择题

1. 函数在点 x 处可微是函数在点 x 处可导的(　　).
   A. 充分条件　　　B. 必要条件　　　C. 充要条件　　　D. 以上都不对

2. $\mathrm{d}(\cos 2x) = (\quad)$.
   A. $\sin 2x\, \mathrm{d}x$　　　B. $-\sin 2x\, \mathrm{d}x$　　　C. $2\sin 2x\, \mathrm{d}x$　　　D. $-2\sin 2x\, \mathrm{d}x$

3. 设函数 $y = f(x)$ 有 $f'(x_0) = \dfrac{1}{3}$，则当 $\Delta x \to 0$ 时，该函数在 $x = x_0$ 的微分 $\mathrm{d}y$ 是(　　).
   A. 与 Δx 等价的无穷小
   B. 与 Δx 同阶的无穷小，但不是等价无穷小
   C. 比 Δx 低阶的无穷小
   D. 比 Δx 高阶的无穷小

二、填空题

1. $\mathrm{d}x = $ _____ $\mathrm{d}(3x+2)$.

2. d_____ $= \dfrac{1}{x^2}\mathrm{d}x$.

3. $\mathrm{d}(x\ln x + x) = $ _____ $\mathrm{d}x$.

4. $\mathrm{d}\left(\dfrac{1}{2}\arctan\dfrac{x}{2}\right) = $ _____ $\mathrm{d}x$.

5. $\mathrm{d}\sqrt{x^2+1} = $ _____ $\mathrm{d}x$.

三、计算题

1. 已知 $y = \ln(1 + \mathrm{e}^{x^2})$，求 $\mathrm{d}y$.

2. 求由方程 $x^2 - xe^y = \sin y$ 确定的隐函数的微分 dy.

3. 利用微分计算下列各数的近似值：

(1) $\sqrt[4]{14}$ ；

(2) $e^{0.99}$.

练习2-4 导数的应用

一、选择题

1. 设 $f(x)$ 在 (a,b) 可导,$a<x_1<x_2<b$,则至少有一点 $\xi\in(a,b)$ 使( ).
  A. $f(b)-f(a)=f'(\xi)(b-a)$
  B. $f(b)-f(a)=f'(\xi)(x_2-x_1)$
  C. $f(x_2)-f(x_1)=f'(\xi)(b-a)$
  D. $f(x_2)-f(x_1)=f'(\xi)(x_2-x_1)$

2. 下列函数中不具有极值点的是( ).
  A. $y=|x|$
  B. $y=x^{\frac{2}{3}}$
  C. $y=x^2$
  D. $y=x^3$

3. 下列极限计算中,不能使用洛必达法则的是( ).
  A. $\lim\limits_{x\to 1}x^{\frac{1}{1-x}}$
  B. $\lim\limits_{x\to 0}\dfrac{x^2\sin\dfrac{1}{x}}{\sin x}$
  C. $\lim\limits_{x\to+\infty}\dfrac{\ln x}{\sqrt[3]{x}}$
  D. $\lim\limits_{x\to+\infty}x\ln\dfrac{x-a}{x+a}$

4. 若在 (a,b) 内恒有 $f'(x)<0$,$f''(x)>0$,则在 (a,b) 内曲线 $y=f(x)$ 为( ).
  A. 上升且凸的
  B. 下降且凸的
  C. 上升且凹的
  D. 下降且凹的

二、填空题

1. 函数 $f(x)=x\sqrt{3-x}$ 在 $[0,3]$ 上满足罗尔定理的条件,定理中的数值 $\xi=$ _____.

2. 函数 $f(x)=\mathrm{e}^x-x-1$ 在 _____ 内单调增加;在 _____ 内单调减少.

3. $f(x)=x+2\sqrt{x}$ 在 $[0,4]$ 上的最大值为 _____.

三、解答题

1. 求下列极限:

  (1) $\lim\limits_{x\to 0^+}\dfrac{\ln x}{\ln\sin x}$;

  (2) $\lim\limits_{x\to 0}(1+x)^{\cot\frac{x}{2}}$;

(3) $\lim\limits_{x \to +\infty} \dfrac{\ln\left(1+\dfrac{1}{x}\right)}{\operatorname{arccot} x}$.

2. 已知 $f(x) = x^3 + ax^2 + bx$ 在 $x=1$ 处有极值 -2，试确定系数 a，b，并求出所有的极大值与极小值.

3. 求曲线 $y = \dfrac{1}{\sqrt{2\pi}} e^{-\frac{x^2}{2}}$ 的单调区间、极值、拐点并研究图形的凹向.

4. 设函数 $f(x)$ 在 $0 \leqslant x < a$ 上的二阶导数存在，且 $f(0)=0$，$f''(x) > 0$. 证明 $g(x) = \dfrac{f(x)}{x}$ 在 $0 < x < a$ 上单调增加.

5. 借助于函数的单调性证明：当 $x > 1$ 时，$2\sqrt{x} > 3 - \dfrac{1}{x}$.

第二章测试题

一、选择题

1. 设 $f(0)=0$，$f'(0)$ 存在，则 $\lim\limits_{x\to 0}\dfrac{f(2x)}{x}=$（   ）.
   A. 0　　　　　B. 1　　　　　C. $2f'(0)$　　　　　D. $f'(0)$

2. 曲线 $y=x^2+x$ 在点 $(1,2)$ 处的切线斜率为（   ）.
   A. -3　　　　B. 2　　　　　C. 3　　　　　D. 5

3. 设函数 $f(x)=x\sin x$，则 $f'\left(\dfrac{\pi}{2}\right)=$（   ）.
   A. 1　　　　　B. 0　　　　　C. -1　　　　　D. $\dfrac{\pi}{2}$

4. 下列函数在整个区间上单调减少的是（   ）.
   A. $\cos x$　　　B. $2-x$　　　C. 2^x　　　　D. x^2

5. 若点 $(1,3)$ 为曲线 $y=bx^2+ax^3$ 的拐点，则（   ）.
   A. $a=\dfrac{3}{2}$，$b=-\dfrac{9}{2}$　　　　B. $a=\dfrac{3}{2}$，$b=\dfrac{9}{2}$
   C. $a=-\dfrac{3}{2}$，$b=-\dfrac{9}{2}$　　　D. $a=-\dfrac{3}{2}$，$b=\dfrac{9}{2}$

二、填空题

1. 函数 $f(x)$ 在点 x_0 的左导数 $f'_{-}(x_0)$ 及右导数 $f'_{+}(x_0)$ 都存在且相等是 $f(x)$ 在点 x_0 可导的 _____ 条件.

2. 曲线 $y=\ln x$ 在点 _____ 处的切线平行于直线 $y=2x-3$.

3. 若 $y=\mathrm{e}^x(\sin x+\cos x)$，则 $\dfrac{\mathrm{d}y}{\mathrm{d}x}=$ _____.

4. 若函数 $y=\mathrm{e}^{ax}$，则 $y^{(n)}(0)=$ _____.

5. $(\tan 3x)'=$ _____.

6. $y=-x^3+x^2$ 的单调递减区间是 _____.

三、解答题

1. 求曲线 $y=\ln x^2$ 在 $x=\mathrm{e}$ 处的切线方程和法线方程.

2. 求下列函数的导数：

(1) $y = x^2 + 2^x + e^{2-x}$；

(2) $y = x \arcsin \dfrac{x}{2} + \sqrt{4-x^2}$.

3. 已知 $f(x) = \sin x \cos x + x^2 + e^2$，求 $f''(x)$ 及 $f''(0)$.

4. 设 $y = y(x)$ 是由方程 $x + y - e^{2y} = \sin x$ 所确定的隐函数，求 $\dfrac{dy}{dx}$.

5. 已知 $y = \ln(\sqrt{x} + e^x \cos x)$，求 dy.

6. 求函数 $x+\sqrt{1-x}$ 的单调区间和极值.

7. 某车间靠墙盖一间长方形小屋,现有存砖只够砌 $20\,\mathrm{m}$ 墙,问应该怎么盖面积最大?

8. 求函数 $y=\ln(1+x^2)$ 的凹凸区间和拐点.

第三章 一元函数积分学

练习 3-1 不定积分

一、填空题

1. 设函数 x^5 是 $f(x)$ 的一个原函数,则 $f(x)=$ _____,$f'(x)=$ _____,$\int f(x)\mathrm{d}x=$ _____.

2. 若 $\int f(x)\mathrm{d}x = x^2\mathrm{e}^{-x}+C$,则 $f(x)=$ _____.

3. 设 $f(x)=\dfrac{\sin x}{x}$,则 $\left[\int f(x)\mathrm{d}x\right]'=$ _____.

4. 若 $\int f(u)\mathrm{d}u = u^2+C$,则 $\int f(ax+b)\mathrm{d}x=$ _____(其中 $a\neq 0$).

5. 已知 $\int f(x)\mathrm{d}x = F(x)+C$,则 $\int \dfrac{f(\ln x)}{x}\mathrm{d}x=$ _____.

6. $\int \dfrac{g'(x)}{g(x)}\mathrm{d}x=$ _____,$\int g(x)\cdot g'(x)\mathrm{d}x=$ _____.

7. 已知 e^{-x} 是 $f(x)$ 的一个原函数,则 $\int xf'(x)\mathrm{d}x=$ _____.

二、选择题

1. C 为任意常数,且 $F'(x)=f(x)$,下列等式成立的是( ).
   A. $\int F'(x)\mathrm{d}x = f(x)+C$
   B. $\int f(x)\mathrm{d}x = F(x)+C$
   C. $\int F(x)\mathrm{d}x = F'(x)+C$
   D. $\int f'(x)\mathrm{d}x = F(x)+C$

2. 若 $\int f(x)\mathrm{d}x = x^2\mathrm{e}^x+C$,则 $f'(x)=$( ).
   A. $2x\mathrm{e}^x$
   B. $(x^2+2x)\mathrm{e}^x$
   C. $(x^2+4x+2)\mathrm{e}^x$
   D. $x^2\mathrm{e}^x$

3. 过 $(1,2)$ 点,且切线斜率为 $2x$ 的曲线方程为( ).
   A. $y=x^2+1$ B. $y=x^2+2$ C. $y=x+2$ D. $y=2$

4. 若 $\int f(x)\mathrm{e}^{\frac{1}{x}}\mathrm{d}x = \mathrm{e}^{\frac{1}{x}}+C$,则 $f(x)=$( ).

A. $\dfrac{1}{x}$ B. $\dfrac{1}{x^2}$ C. $-\dfrac{1}{x}$ D. $-\dfrac{1}{x^2}$

5. $\int\left(\dfrac{1}{\cos^2 x}-1\right)\mathrm{d}\cos x=(\quad)$.

   A. $\tan x - x + C$
   B. $\tan x - \cot x + C$
   C. $-\dfrac{1}{\cos x} - x + C$
   D. $-\dfrac{1}{\cos x} - \cos x + C$

6. $\int \dfrac{f'(\ln x)}{x}\mathrm{d}x=(\quad)$.

   A. $f'(\ln x) + C$ B. $f(\ln x) + C$ C. $f'(x) + C$ D. $f(x) + C$

7. $\int \ln x\,\mathrm{d}x = (\quad)$.

   A. $x(\ln x - 1) + C$
   B. $x\ln x + C$
   C. $\ln x + x + C$
   D. $\ln x - x + C$

8. $\int x f''(x)\mathrm{d}x = (\quad)$.

   A. $xf''(x) - xf'(x) - f(x) + C$
   B. $xf(x) - \int f(x)\mathrm{d}x$
   C. $xf'(x) - f(x) + C$
   D. $xf'(x) + f(x) + C$

三、计算题

1. $\int\left[\dfrac{1}{1-x}+\dfrac{1}{(1+x)^2}\right]\mathrm{d}x$.

2. $\int \dfrac{1+\ln x}{x}\mathrm{d}x$.

3. $\int \dfrac{1}{1+\mathrm{e}^{-x}}\mathrm{d}x$.

4. $\int \dfrac{\mathrm{d}x}{9-4x^2}$.

5. $\int \sin x \cos^3 x\,\mathrm{d}x$.

6. $\int \dfrac{1}{1+\sqrt{x}}\mathrm{d}x$.

7. $\int x^3 \ln x\,\mathrm{d}x$.

练习 3-2 定 积 分

一、填空题

1. $\dfrac{d}{dx}\displaystyle\int_a^x f(t)\,dt =$ _____，$\dfrac{d}{dx}\displaystyle\int_a^b f(x)\,dx =$ _____，$\displaystyle\int_a^a f(x)\,dx =$ _____.

2. 若函数 $f(x)$ 在 $[a,b]$ 上连续，则 $\displaystyle\int_a^b f(x)\,dx + \int_b^a f(t)\,dt =$ _____.

3. 利用定积分的几何意义，求：

   $\displaystyle\int_{-\pi}^{\pi}\sin x\,dx =$ _____，$\displaystyle\int_{-\frac{\pi}{2}}^{\frac{\pi}{2}}\cos x\,dx =$ _____ $\displaystyle\int_{0}^{\frac{\pi}{2}}\cos x\,dx$，

   $\displaystyle\int_{-a}^{a}\sqrt{a^2-x^2}\,dx =$ _____，$\displaystyle\int_{0}^{3}\sqrt{9-x^2}\,dx =$ _____.

4. $\displaystyle\int_{-2}^{2}(x+\sqrt{4-x^2})^2\,dx =$ _____.

5. 若 $f(t)$ 为连续函数，且 $\displaystyle\int_0^x f(t)\,dt = x^2(1+x)$，则 $f'(2) =$ _____.

6. 设 $f(x)$ 在区间 $[-a,a]$ 上连续，则 $\displaystyle\int_{-a}^{a} x^2[f(x)-f(-x)]\,dx =$ _____.

7. 反常积分 $\displaystyle\int_0^{+\infty} x\,e^{-x}\,dx =$ _____.

二、选择题

1. 设 $f(x)$ 为连续函数，下列等式正确的是（ ）.

   A. $\dfrac{d}{dx}\displaystyle\int_a^x f(t)\,dt = f(x)$
   B. $\dfrac{d}{dx}\displaystyle\int f(x)\,dx = f(x)+C$
   C. $\dfrac{d}{dx}\displaystyle\int_a^b f(x)\,dx = f(x)$
   D. $\displaystyle\int f'(x)\,dx = f(x)$

2. 如果 $\varPhi(x) = \displaystyle\int_x^2 \sqrt{2+t^2}\,dt$，那么 $\varPhi'(1) = $（ ）.

   A. $-\sqrt{2}$ B. $-\sqrt{3}$ C. 1 D. 2

3. 如果函数 $y=f(x)$ 可导，且 $f(0)=0$，$f'(0)=2$，那么 $\displaystyle\lim_{x\to 0}\dfrac{\int_0^x f(t)\,dt}{x^2} = $（ ）.

   A. 1 B. 0 C. 2 D. 0.5

4. $\displaystyle\int_0^{2\pi}\sqrt{1-\cos^2 x}\,dx = $（ ）.

   A. 0 B. 0.5 C. 2 D. 4

5. $\displaystyle\int_0^a f(x)\,dx = $（ ）.

A. $\int_0^{\frac{a}{2}}[f(x)+f(x-a)]\mathrm{d}x$ \qquad B. $\int_0^{\frac{a}{2}}[f(x)+f(a-x)]\mathrm{d}x$

C. $\int_0^{\frac{a}{2}}[f(x)-f(x-a)]\mathrm{d}x$ \qquad D. $\int_0^{\frac{a}{2}}[f(x)-f(a-x)]\mathrm{d}x$

6. 如果函数 $y=f(x)$ 在闭区间 $[a,b]$ 上有连续的导数,且 $f(a)=0$,$f(b)=0$,又 $\int_a^b f^2(x)\mathrm{d}x=1$,那么 $\int_a^b xf(x)f'(x)\mathrm{d}x=(\qquad)$.

A. 2 \qquad B. 1 \qquad C. -0.5 \qquad D. 0

7. 如图,曲线段的方程为 $y=f(x)$,函数 $f(x)$ 在 $[0,a]$ 上有连续的导数,则定积分 $\int_0^a xf'(x)\mathrm{d}x=(\qquad)$.

A. 曲边梯形 $ABOD$ 的面积
B. 梯形 $ABOD$ 的面积
C. 曲边三角形 ACD 的面积
D. 三角形 ACD 的面积

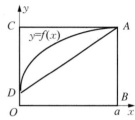

三、解答题

1. $\int_{-2}^2 \dfrac{x+|x|}{2+x^2}\mathrm{d}x$. \qquad **2.** $\int_{-\frac{\pi}{2}}^{\frac{\pi}{2}} \sqrt{1-\cos^2 x}\,\mathrm{d}x$.

3. $\int_1^e \dfrac{\ln x}{x}\mathrm{d}x$. \qquad **4.** $\int_0^{2\sqrt{2}} x\sqrt{1+x^2}\,\mathrm{d}x$.

5. $\int_0^{\ln 2} \dfrac{1}{\mathrm{e}^x+1}\mathrm{d}x$. \qquad **6.** $\int_1^4 \dfrac{1}{\sqrt{x}+x}\mathrm{d}x$.

7. $\int_0^\pi e^{-t}\sin t\, dt$.

8. $\int_1^e x\ln^2 x\, dx$.

9. 已知 $f(x)=\begin{cases} x, & x<0, \\ 1+x^2, & x\geqslant 0, \end{cases}$ 求 $\int_0^2 f(x-1)\,dx$.

10. 计算 $\int_0^{+\infty} e^{-\sqrt{x}}\,dx$.

练习 3-3 积分的应用

一、填空题

1. 曲线 $y^2=x$ 与 $x=1$ 所围图形的面积 $S=$ _____.
2. 曲线 $y=-x^2+1$ 与 $y=0$ 所围图形的面积 $S=$ _____.
3. 正弦曲线 $y=\sin x$ 与 x 轴以及直线 $x=0$，$x=\pi$ 所围图形的面积 $S=$ _____.
4. 曲线 $y=\mathrm{e}^x$ 与 x 轴以及直线 $x=0$，$x=1$ 所围图形绕 x 轴旋转所得旋转体的体积 $V=$ _____.
5. 若直线 $y=kx+2$ 与两坐标轴所围图形分别绕 x 轴、y 轴旋转所得旋转体的体积相等，则 $k=$ _____.

二、选择题

1. 由曲线 $y=\ln x$ 与直线 $x=1$，$x=\mathrm{e}$ 所围图形的面积等于（　　）．

   A. $\dfrac{1}{2}$　　　　B. $\dfrac{3}{4}$　　　　C. 1　　　　D. e

2. 由曲线 $y=\mathrm{e}^x$，$y=\mathrm{e}^{-x}$ 及直线 $x=1$ 所围成的面积等于（　　）．

   A. $\mathrm{e}+\dfrac{1}{\mathrm{e}}-2$　　B. $\mathrm{e}+\dfrac{1}{\mathrm{e}}$　　C. $\mathrm{e}-\dfrac{1}{\mathrm{e}}+2$　　D. $\mathrm{e}-\dfrac{1}{\mathrm{e}}$

3. 由曲线 $y=x^2$，$y=4x^2$ 与直线 $y=1$ 所围图形的面积等于（　　）．

   A. $\dfrac{1}{4}$　　　　B. $\dfrac{3}{4}$　　　　C. $\dfrac{1}{3}$　　　　D. $\dfrac{2}{3}$

4. 由曲线 $y=-x^2$ 及 $y=-x$ 所围图形绕 x 轴旋转所得旋转体的体积等于（　　）．

   A. $\dfrac{\pi}{6}$　　　　B. $\dfrac{2\pi}{15}$　　　　C. $\dfrac{8\pi}{15}$　　　　D. $\dfrac{5\pi}{6}$

三、解答题

1. 求由曲线 $y=4-x^2$ 与 x 轴以及直线 $x=4$ 所围图形的面积．

2. 求由曲线 $y=x^2$，$y=-x+2$ 及 x 轴所围图形的面积.

3. 求由曲线 $y^2=x$，$y=x$ 围成的图形分别绕 x 轴、y 轴旋转所得旋转体的体积.

4. 求由曲线 $y=x^2$，$x=1$ 与 x 轴所围图形分别绕 x 轴、y 轴旋转所得旋转体的体积.

第三章测试题

一、填空题

1. 若在区间 I 上 $F'(x)=f(x)$，则 $F(x)$ 叫作 $f(x)$ 在该区间上的一个_____，$f(x)$ 的所有原函数叫作 $f(x)$ 在该区间上的_____.

2. 设函数 x^3 是 $f(x)$ 的一个原函数，则 $f(x)=$_____，$f'(x)=$_____.

3. 若 $\int f(x)\mathrm{d}x = x\mathrm{e}^{-x}+C$，则 $f(x)=$_____.

4. 设 $f(x)$ 为连续函数，则 $\int f^2(x)\mathrm{d}f(x)=$_____.

5. $\int \mathrm{e}^{-2x}\mathrm{d}x=$_____.

6. 利用定积分的几何意义，计算：
   $\int_0^{2\pi}\sin x\,\mathrm{d}x=$_____，$\int_{-2}^{2}\sqrt{4-t^2}\,\mathrm{d}t=$_____.

7. $\dfrac{\mathrm{d}}{\mathrm{d}x}\int_0^{\frac{\pi}{2}}\sin x^2\,\mathrm{d}x=$_____，$\dfrac{\mathrm{d}}{\mathrm{d}x}\int_0^{x}\sin t^2\,\mathrm{d}t=$_____.

8. 函数 $f(x)$ 在区间 $[a,b]$ 上可积的充分条件为 $f(x)$ 在此区间上是_____函数或_____.

9. $\int_{-\pi}^{\pi}|\sin x|\,\mathrm{d}x=$_____.

二、选择题

1. 结合定积分的几何意义，计算 $\int_{-1}^{1}(x+\sqrt{1-x^2})\mathrm{d}x=$（   ）.

   A. $\dfrac{1}{2}$　　　B. $\dfrac{\pi}{2}$　　　C. $\dfrac{\pi+1}{2}$　　　D. π

2. 下列广义积分收敛的是（   ）.

   A. $\int_1^{+\infty}6\mathrm{d}x$　　B. $\int_1^{+\infty}x\,\mathrm{d}x$　　C. $\int_1^{+\infty}\dfrac{1}{x}\mathrm{d}x$　　D. $\int_1^{+\infty}\dfrac{1}{x^2}\mathrm{d}x$

3. 下列广义积分收敛的是（   ）.

   A. $\int_0^{+\infty}\mathrm{e}^x\,\mathrm{d}x$　　B. $\int_{-\infty}^{0}\mathrm{e}^{-x}\,\mathrm{d}x$　　C. $\int_0^{+\infty}\mathrm{e}^{-x}\,\mathrm{d}x$　　D. $\int_{-\infty}^{0}\mathrm{e}^x\,\mathrm{d}x$

4. $\dfrac{\mathrm{d}}{\mathrm{d}x}\int_x^{1}\cos^2 t\,\mathrm{d}t=$（   ）.

   A. $\cos^2 x$　　B. $-\cos^2 x$　　C. $\sin 2x$　　D. $-\sin 2x$

5. $\lim\limits_{x\to 0}\dfrac{\int_0^{x}\dfrac{\sin t^2}{t}\mathrm{d}t}{x^2}=$（   ）.

A. -1 B. 0 C. 1 D. $\dfrac{1}{2}$

6. $\int_{-a}^{a} x[f(x)+f(-x)]\mathrm{d}x = ($ $).$

A. 0 B. $\dfrac{a}{2}$ C. a D. $2a$

7. 直线 $y=2x+b$ 与 x 轴、y 轴所围图形的面积为 1，则 $b=($ $).$

A. 2 B. -2 C. -2 或 2 D. 1

8. 椭圆 $\dfrac{x^2}{a^2}+\dfrac{y^2}{b^2}=1$ 绕 x 轴旋转所得旋转体的体积记为 V_x，绕 y 轴旋转所得旋转体的体积记为 V_y，以下答案中正确的是（   ）.

A. $V_x=V_y$ B. $V_x<V_y$ C. $V_x>V_y$ D. 当 $a=b$ 时 $V_x=V_y$

三、解答题

1. $\int x\ln x\,\mathrm{d}x.$

2. $\int_0^1 \dfrac{\mathrm{e}^x}{\mathrm{e}^x+1}\mathrm{d}x.$

3. $\int_{\mathrm{e}}^{+\infty} \dfrac{\mathrm{d}x}{x\ln^2 x}.$

4. 设连续函数 $f(x)$ 满足 $\int f(x)\mathrm{d}x = \ln x - \int_1^x [f(t)-t]\mathrm{d}t$，求 $f'(2)$.

5. 求由曲线 $xy=1$，$y=x$ 及 $x=2$ 围成的图形绕 x 轴旋转所得旋转体的体积.

第四章 微分方程

练习 4-1 微分方程的基本概念

1. 什么是微分方程的阶？$y'+x=10$，$y''-xy'=x$ 分别是几阶微分方程？

2. 什么是微分方程的解？什么是微分方程的通解？

3. 验证 $y=\sin x$ 和 $y=\sin x+\cos x$ 都是微分方程 $\cos x\dfrac{\mathrm{d}y}{\mathrm{d}x}+y\cos x=1$ 的解.

4. 验证 $y=\dfrac{1}{x+C}$ 是微分方程 $y'+y^2=0$ 的通解,但此通解不包含解 $y=0$.

5. $y=\dfrac{1}{2}x^2$ 是微分方程 $y'=x$ 的解吗？是方程的通解吗？为什么？

6. $y=x+C$ 是微分方程 $y''=0$ 的通解吗？为什么？

练习 4-2 一阶微分方程

1. 求下列微分方程的通解：

(1) $2\dfrac{\mathrm{d}y}{\mathrm{d}x}=\dfrac{y}{x}+\dfrac{y^2}{x^2}$；

(2) $y'=\dfrac{y}{y-x}$．

2. 求下列微分方程满足初始条件的特解：

(1) $x\,\mathrm{d}y+2y\,\mathrm{d}x=0$，$y\big|_{x=2}=1$；

(2) $xy'=y(1+\ln y-\ln x)$，$y\big|_{x=1}=\mathrm{e}^2$．

3. 求下列微分方程的通解：

(1) $xy'+y=x^2+3x+2$；

(2) $y'+y\tan x=\sin 2x$；

(3) $(x^2-1)y'+2xy-\cos x=0$．

4. 求下列微分方程满足初始条件的特解：

(1) $y' + \dfrac{y}{x} = \dfrac{\sin x}{x}$，$y\big|_{x=\pi} = 1$；

(2) $\dfrac{dy}{dx} - y\tan x = \sec x$，$y\big|_{x=0} = 0$；

(3) $y' + y\cos x = e^{-\sin x}$，$y\big|_{x=0} = 1$；

(4) $y' + y\cot x = 5e^{\cos x}$，$y\big|_{x=\frac{\pi}{2}} = -4$.

练习 4-3 可降阶的二阶微分方程

求下列微分方程的通解：

(1) $y'' + \dfrac{2y'}{x} = 0$；

(2) $y'' = 1 + y'^2$.

练习 4-4 二阶常系数线性微分方程

1. 求下列微分方程的通解：

(1) $y'' - 4y = 0$；

(2) $y'' + 2y = 0$.

2. 求下列微分方程的通解：

(1) $y'' + 3y' = 3x$；

(2) $y'' + 2y' + y = x\mathrm{e}^{-x}$；

(3) $y'' - y' = \sin x$；

(4) $y'' - 2y' + 2y = e^x \cos x$.

3. 求下列微分方程满足初始条件的特解：

(1) $y'' - y = 4x e^x$, $y|_{x=0} = 0$, $y'|_{x=0} = 1$；

(2) $y'' + 4y = x\cos x$, $y|_{x=0} = 1$, $y'|_{x=0} = 1$.

练习 4-5　微分方程在医药学中的应用

1. 一容器内盛有 100 L 葡萄糖溶液,其中含葡萄糖 10 kg,现以 2 L/min 的速度把纯净水注入容器并搅拌均匀,并以同样的速度使葡萄糖溶液流出. 求:(1) t 时刻溶液中的葡萄糖含量. (2) 50 min 后溶液中的葡萄糖含量.

2. 在制药的化学反应过程中,反应速度 K 随温度 T 的变化而变化,由实验可知,K 对 T 的变化率与 K 成正比,与 T 的平方成反比,比例系数为 $\dfrac{E}{R}$(R 为气体常数,E 为活化能). 若已知温度为 T_0 时,反应速度为 K_0,试写出 K 所满足的微分方程及 K 随 T 变化的规律.

第四章测试题

1. 选择题

(1) 下列各方程中,是一阶线性微分方程的是( ).

A. $xy' + y^2 = x$ B. $y' + xy = \sin x$

C. $(y')^2 + xy = \cos x$ D. $y'' + xy = \sin x$

(2) 已知微分方程 $y'' - y' + qy = 0$ 的通解为 $y = e^{\frac{x}{2}}(C_1 + C_2 x)$,则 q 的值为( ).

A. 1 B. 0 C. $\dfrac{1}{2}$ D. $\dfrac{1}{4}$

(3) 在求微分方程 $y'' + 2y' = e^x \cos x$ 的特解 y^* 时,y^* 的一般形式应为( ).

A. $y^* = ae^x \cos x$ B. $y^* = axe^x \cos x$

C. $y^* = xe^x(a\cos x + b\sin x)$ D. $y^* = e^x(a\cos x + b\sin x)$

(4) 求解齐次方程 $y' = f\left(\dfrac{y}{x}\right)$ 时,应做变换( ).

A. $y^2 = ux$ B. $y = ux$ C. $y = \dfrac{u}{x}$ D. $y = u^2 x$

2. 求下列微分方程的通解:

(1) $y' - y\sin x = 0$;

(2) $e^x \mathrm{d}x = \sin 2y \mathrm{d}y$;

(3) $x^3 \mathrm{d}y - (yx^2 - y^3)\mathrm{d}x = 0$.

3. 求下列微分方程满足初始条件的特解:

(1) $y' = \dfrac{1+y^2}{1+x^2}$, $y\big|_{x=0} = 1$;

(2) $y' = e^{3x-y}$, $y\big|_{x=0} = 1$;

(3) $xy' + 1 = 4e^{-y}$, $y|_{x=-2} = 0$; (4) $y' = \dfrac{x}{y} + \dfrac{y}{x}$, $y|_{x=1} = 2$.

4. 试求下列微分方程的通解：

(1) $y'' + 2y' + 3y = 0$; (2) $4y'' - 12y' + 9y = 0$;

(3) $y'' - 2y' - 3y = 0$.

5. 试求满足初始条件的特解：

(1) $y'' - 3y' - 4y = 0$, $y|_{x=0} = 1$, $y'|_{x=0} = 0$;

(2) $y'' + y' + 2y = 0$, $y(0) = 1$, $y'(0) = 2$;

(3) $y'' + 2y' - 3y = e^{-x}$, $y|_{x=0} = 0$, $y'|_{x=0} = 1$；

(4) $y'' - y' = 2(1-x)$, $y|_{x=0} = 1$, $y'|_{x=0} = 1$.

6. 试求下列微分方程的通解：

(1) $y'' - y' - 2y = e^{2x}$； (2) $y'' + 4y' + 5y = 40\sin 3x$；

(3) $y'' - 2y' + y = \cos x + \sin x$； (4) $y'' + 3y' + 2y = e^{-x}\cos x$.

7. 镭的衰变有如下规律：镭的衰变速度与镭所存的量成正比．有资料表明，经过 1 600 年后，只剩余原始量 R_0 的一半．试求镭的量 R 与时间 t 的函数关系．

8. 研究血液中红血球对 ^{42}K 的摄取时，得出其方程为 $\dfrac{dQ}{dt} = k_1 - k_2 Q$，其中，$Q$ 为红血球中含 ^{42}K 的量，k_1，k_2 为大于零的常数．如果开始时，红血球 ^{42}K 的量为零，求它的解．

9. 在呼吸期间 CO_2 从静脉中进入肺泡,后被排出.在肺泡中 CO_2 的压力服从 $\dfrac{\mathrm{d}p}{\mathrm{d}t}+kp=kp_1$,其中,$p_1$ 为进入肺部静脉时 CO_2 的压力(可看作常数),k 为大于零的常数.已知当 $t=0$ 时,$p=p_0$,试求上述方程的解.

10. 一桶内有 100 L 的水,现以浓度 2 mg/L 的盐溶液用 3 L/min 速度注入桶内,同时被搅拌均匀,混合溶液以相同速度流出.问:(1)在任意时刻 t 桶内含盐多少?(2)何时桶内存盐 100 mg?

11. 由试验可知,静脉注射后,某药待在体内的浓度衰减的速率和当时药物浓度成正比.求体内药物浓度的变化规律.

第五章 多元函数微积分

练习 5-1 空间直角坐标系

1. 在空间直角坐标系中,指出下列各点在哪个卦限?
   $A(1,-5,3), B(2,4,-1), C(1,-5,-6), D(-1,-2,1)$.

2. 已知点 $A(a,b,c)$,求它在各坐标平面上及各坐标轴上的垂足的坐标(即投影点的坐标).

3. 求点 $P(x,y,z)$ 分别对称于 y 轴,z 轴及 xOy, zOx 坐标面的点的坐标.

4. 在 yOz 坐标面上,求与 3 个点 $A(3,1,2), B(4,-2,-2), C(0,5,1)$ 等距离的点的坐标.

5. 在 x 轴上，求与点 $A(-4,1,7)$，$B(3,5,-2)$ 等距离的点.

6. 根据下列条件求点 B 的未知坐标：
$$A(2,3,4), B(x,-2,4), |AB|=5.$$

7. 求到 $A(-2,1,3)$，$B(2,0,4)$ 等距离的点的轨迹方程，并指出是什么图形.

8. 求到点 (a,b,c) 的距离为 R 的点的轨迹，并指出是什么图形.

练习 5-2 多元函数的基本概念

1. 求下列二元函数的定义域：

(1) $z = \ln(y - x)$；

(2) $z = \dfrac{\sqrt{x}}{\sqrt{1 - x^2 - y^2}}$；

(3) $z = \arcsin \dfrac{x^2 + y^2}{2}$；

(4) $z = \sqrt{x^2 + y^2 - 1}$.

2. 设 $f(x+y, e^y) = x^2 y$，则 $f(x, y) = $ _____.

3. 函数 $f(x, y) = \dfrac{x^2 - y^2}{(x^2 + y^2)^2}$ 的间断点是 _____.

4. 计算下列极限：

(1) $\lim\limits_{(x, y) \to (0, 1)} \dfrac{1 - xy}{x^2 + y^2}$；

(2) $\lim\limits_{\substack{x \to 0 \\ y \to 3}} (1 + xy)^{\frac{1}{x}}$；

(3) $\lim\limits_{\substack{x \to 0 \\ y \to 1}} \dfrac{\sin(xy) - x^2 y^2}{x}$；

(4) $\lim\limits_{\substack{x \to 0 \\ y \to 0}} \dfrac{1 - \cos(x^2 + y^2)}{(x^2 + y^2) e^{x^2 y^2}}$.

5. 证明极限 $\lim\limits_{\substack{x \to 0 \\ y \to 0}} \dfrac{xy^2}{x^2 + y^4}$ 不存在.

练习 5-3　偏导数与全微分

1. 设 $z = \dfrac{x^2 + y^2}{xy}$，求 $\dfrac{\partial z}{\partial x}$.

2. 设 $z = \ln \tan \dfrac{x}{y}$，求 $\dfrac{\partial z}{\partial x}$.

3. 设 $u = x^{\frac{y}{z}}$，求 $\dfrac{\partial u}{\partial y}$.

4. 设 $z = \arctan \dfrac{y}{x}$，求 $\dfrac{\partial^2 z}{\partial x^2}$.

5. 设 $f(x, y) = \displaystyle\int_0^{xy} \mathrm{e}^{-t^2}\, \mathrm{d}t$，求 $\dfrac{\partial^2 f}{\partial x \partial y}$.

6. 设 $z = x^2 + \ln(y^2+1)\arctan(x^{y+1})$，求 $\dfrac{\partial z}{\partial x}\bigg|_{(1,0)}$.

7. 求函数 $z = xy$ 当 $x=2, y=1, \Delta x=0.1, \Delta y=-0.2$ 时的全增量.

8. 求下列函数的全微分：

(1) $z = x^3 y^2$；

(2) $z = \sqrt{\dfrac{x}{y}}$；

(3) $u = \ln(x^2+y^2+z^2)$；

(4) $z = \arctan\dfrac{x}{y}$.

9. 设 $u = \dfrac{z}{x^2+y^2}$，求 $\mathrm{d}u\big|_{(1,1,2)}$.

练习 5-4 复合函数与隐函数的偏导数

1. 设 $z = \arctan(xy)$，$y = e^x$，求 $\dfrac{dz}{dx}$.

2. 设 $z = x^y$，求 $\dfrac{\partial z}{\partial x}$.

3. 设 $z = f(x^2 - y^2, y\arcsin x)$，其中 f 为可导函数，求 $\dfrac{\partial z}{\partial x}$.

4. 设 $z = f(3\ln x - 2y)$，其中 f 为可导函数，求 $\dfrac{\partial z}{\partial x}$.

5. 设 $u = f(2^x, xy, xyz)$，其中 f 为可导函数，求 $\dfrac{\partial u}{\partial x}$.

6. 设 $z = f(xe^y, x, y)$，其中 f 具有二阶连续偏导数，求 $\dfrac{\partial^2 z}{\partial x \partial y}$.

7. 设方程 $\dfrac{x}{z} = \ln \dfrac{z}{y}$ 确定函数 $z = z(x, y)$，求 $\dfrac{\partial z}{\partial x}$.

8. 设方程 $z^2 = x + y + f(yz)$ 确定函数 $z = z(x, y)$，其中 $f(yz)$ 可微，求 $\dfrac{\partial z}{\partial x}$.

9. 设方程 $x + y + z = e^z$ 确定函数 $z = z(x, y)$，求 $\dfrac{\partial^2 z}{\partial x \partial y}$.

练习 5-5 多元函数的极值

1. 求函数 $z = x^3 + y^3 - 9xy + 27$ 的极值.

2. 求抛物面 $z = x^2 + y^2$ 到平面 $x + y + z + 1 = 0$ 的最短距离.

3. 要造一个容积等于 4 的长方体无盖水池,应如何选择水池的尺寸,方可使它的表面积最小?

4. 在平面 xOy 上求一点,使它到 $x = 0$,$y = 0$ 及 $x + 2y - 16 = 0$ 三条直线的距离平方之和为最小.

5. 在斜边长为 m 的所有直角三角形中,求有最大周长的直角三角形直角边的边长.

练习 5-6 二 重 积 分

1. 利用二重积分的几何意义计算下列二重积分的值：

(1) $\iint\limits_{D} 5\,d\sigma$；$D: x+y \leqslant 2, x \geqslant 0, y \geqslant 0$；

(2) $\iint\limits_{D} k\,dx\,dy$；$D: x^2+y^2 \leqslant 1$.

2. 不计算二重积分，试比较下列各组二重积分的大小：

(1) $\iint\limits_{D}(x+y)^2\,d\sigma$ 与 $\iint\limits_{D}(x+y)^3\,d\sigma$，其中积分区域 D 由 x 轴、y 轴和直线 $x+y=1$ 围成；

(2) $\iint\limits_{D}\ln(x+y)\,d\sigma$ 与 $\iint\limits_{D}\ln(x+y)^2\,d\sigma$，其中 D 为三角形区域，此三角形顶点分别为 $(1,0)$，$(1,1)$，$(2,0)$.

3. 利用二重积分的性质估计下列二重积分值：

(1) $I = \iint\limits_{D} xy(x+y)\,d\sigma$，其中 $D = \{(x,y) \mid 0 \leqslant x \leqslant 1, 0 \leqslant y \leqslant 1\}$；

(2) $I = \iint\limits_{D} \sqrt{x^2 + y^2} \, d\sigma$,其中 $D = \{(x, y) \mid 0 \leqslant x \leqslant 1, 0 \leqslant y \leqslant 2\}$.

4. 交换二次积分次序：

(1) $\int_0^1 dx \int_{x^2}^x f(x, y) dy$；

(2) $\int_0^1 dx \int_0^x f(x, y) dy + \int_1^2 dx \int_0^{2-x} f(x, y) dy$.

5. 画出积分区域，并计算二重积分：

(1) $\iint\limits_{D} (x^3 + y) dx dy$,其中 D 为 $0 \leqslant x \leqslant 1, -2 \leqslant y \leqslant 2$ 所围成的区域.

(2) $\iint\limits_{D} \dfrac{y^2}{x^2} dx dy$,其中 D 是由直线 $y = 2, y = x$ 及双曲线 $xy = 1$ 所围成的区域.

(3) $\iint\limits_{D} e^{-y^2} dx dy$,其中 D 是由直线 $x = 0, y = x, y = 1$ 所围成的区域.

(4) $\iint\limits_{D} \sin(x+y) \, dx \, dy$，其中 D 为 $0 \leqslant x \leqslant \dfrac{\pi}{2}$，$0 \leqslant y \leqslant \dfrac{\pi}{2}$ 所围成的区域.

(5) $\iint\limits_{D} x e^{xy} \, dx \, dy$，其中 D 为 $0 \leqslant x \leqslant 1$，$-1 \leqslant y \leqslant 0$ 所围成的区域.

(6) $\iint\limits_{D} (x+y) \, dx \, dy$，其中 D 为直线 $x=1$，$x=2$，$y=x$，$y=3x$ 所围成的区域.

6. 在 $y=2x$，$y=x$，$y=2$ 所围区域内有 $\rho = x^2 y$ 的质量分布，求这一区域的质量.

第五章测试题

一、选择题

1. 点 $A(-2, 3, 1)$ 关于 y 轴的对称点是( ).
   A. $(2, -3, 1)$ B. $(-2, -3, -1)$
   C. $(2, 3, -1)$ D. $(2, -3, -1)$

2. 平面 $2x - 3y - 5 = 0$ 的位置是( ).
   A. 平行于 xOy 平面 B. 平行于 z 轴
   C. 平行于 yOz 平面 D. 垂直于 z 轴

3. 函数 $z = \sqrt{1 - x^2 - y^2}$ 的定义域是( ).
   A. $D = \{(x, y) \mid x^2 + y^2 = 1\}$ B. $D = \{(x, y) \mid x^2 + y^2 \geqslant 1\}$
   C. $D = \{(x, y) \mid x^2 + y^2 < 1\}$ D. $D = \{(x, y) \mid x^2 + y^2 \leqslant 1\}$

4. 设 $z = f(x, y)$，则 $\dfrac{\partial z}{\partial x}\bigg|_{(x_0, y_0)} = ($).
   A. $\lim\limits_{\Delta x \to 0} \dfrac{f(x_0 + \Delta x, y_0 + \Delta y) - f(x_0, y_0)}{\Delta x}$
   B. $\lim\limits_{\Delta x \to 0} \dfrac{f(x_0 + \Delta x, y) - f(x_0, y_0)}{\Delta x}$
   C. $\lim\limits_{\Delta x \to 0} \dfrac{f(x_0 + \Delta x, y_0) - f(x_0, y_0)}{\Delta x}$
   D. $\lim\limits_{\Delta x \to 0} \dfrac{f(x_0 + \Delta x, y_0)}{\Delta x}$

5. 设 $z = 2x^2 + 3xy - y^2$，则 $\dfrac{\partial^2 z}{\partial x \partial y} = ($).
   A. 6 B. 3 C. -2 D. 2

6. 设 $z = e^{xy} + yx^2$，则 $\dfrac{\partial z}{\partial y}\bigg|_{(1, 2)} = ($).
   A. $e + 1$ B. $e^2 + 1$ C. $2e + 1$ D. $2e - 1$

7. 设 $z = e^x \sin y$，则 $dz = ($).
   A. $e^x(\cos y \, dx + \sin y \, dy)$ B. $e^x \cos y (dx + dy)$
   C. $e^x \sin y (dx + dy)$ D. $e^x(\sin y \, dx + \cos y \, dy)$

8. 设由方程 $e^z - xyz = 0$ 确定的隐函数 $z = f(x, y)$，则 $\dfrac{\partial z}{\partial x} = ($).
   A. $\dfrac{z}{1 + z}$ B. $\dfrac{z}{x(z - 1)}$ C. $\dfrac{y}{x(1 + z)}$ D. $\dfrac{y}{x(1 - z)}$

9. 函数 $z = 1 - x^2 - y^2$ 的极大值点是( ).
   A. $(1, 1)$ B. $(1, 0)$ C. $(0, 1)$ D. $(0, 0)$

10. 设积分区域 D 由直线 $y=x$，$y=0$，$x=1$ 围成，则 $\iint\limits_{D} \mathrm{d}x\,\mathrm{d}y = (\quad)$.

A. $\int_0^1 \mathrm{d}x \int_0^x \mathrm{d}y$ B. $\int_0^1 \mathrm{d}y \int_0^y \mathrm{d}x$

C. $\int_0^1 \mathrm{d}x \int_x^0 \mathrm{d}y$ D. $\int_0^1 \mathrm{d}y \int_x^y \mathrm{d}x$

二、填空题

1. $\lim\limits_{\substack{x\to 2 \\ y\to +\infty}} \left(1+\dfrac{x}{y}\right)^y = $ _____ .

2. 已知 $z = \sin(xy)$，则 $\mathrm{d}z = $ _____ .

3. 设 $z = f(x, y)$ 是由方程 $xyz = \sin(xyz)$ 决定的隐函数，则 $\dfrac{\partial z}{\partial x} = $ _____ .

4. 函数 $z = x^2 + y^2 - 6x + 2y + 6$ 在点 _____ 处取极小值.

5. 交换二次积分的积分次序 $\int_1^2 \mathrm{d}x \int_1^{x^2} f(x, y)\,\mathrm{d}y = $ _____ .

三、解答题

1. 求 $\lim\limits_{(x, y)\to(0, 0)} \dfrac{xy}{\sqrt{xy+4}-2}$.

2. 已知 $z = \arctan\dfrac{y}{x}$，求 $\dfrac{\partial z}{\partial x}$，$\dfrac{\partial^2 z}{\partial x \partial y}$.

3. 设 $z = z(x, y)$ 是由 $x^3 + y^3 + z^3 + xyz - 6 = 0$ 所确定的隐函数，求它在点 $(1, 2, -1)$ 处的偏导数 $\dfrac{\partial z}{\partial x}$ 及 $\dfrac{\partial z}{\partial y}$ 的值.

4. 计算 $\iint\limits_{D} xy^2 \, dx \, dy$,其中 D 是抛物线 $y^2=2x$ 与直线 $x=\dfrac{1}{2}$ 所围的闭区域.

5. 将正数 12 分成 3 个正数 x,y,z 之和,使得 $u=x^3y^2z$ 为最大.

6. 设 $z=xF\left(\dfrac{y}{x}\right)+xy$,其中 $F(u)$ 可微,证明:$x\dfrac{\partial z}{\partial x}+y\dfrac{\partial z}{\partial y}=xy+z$.

第六章　线性代数初步

练习 6-1　行列式及其性质

1. 计算下列行列式：

(1) $\begin{vmatrix} 24 & 64 \\ 27 & 81 \end{vmatrix}$;

(2) $\begin{vmatrix} 1 & 0 & 2 \\ 4 & -1 & 3 \\ 3 & 8 & -2 \end{vmatrix}$;

(3) $\begin{vmatrix} 2 & 1 & 3 \\ 98 & 101 & 99 \\ 4 & -1 & -2 \end{vmatrix}$;

(4) $\begin{vmatrix} x+y & x & y \\ y & x+y & x \\ x & y & x+y \end{vmatrix}$;

(5) $\begin{vmatrix} 1 & 1 & 1 \\ a & b & c \\ a^2 & b^2 & c^2 \end{vmatrix}$;

(6) $\begin{vmatrix} 1 & 2 & 0 & 2 \\ 2 & 4 & 1 & 4 \\ 0 & 3 & 5 & -1 \\ 1 & 0 & 2 & 7 \end{vmatrix}$;

(7) $\begin{vmatrix} 1 & 3 & 4 & 1 \\ 1 & 4 & 1 & 2 \\ 1 & 2 & 3 & 4 \\ 1 & 3 & 2 & 1 \end{vmatrix}.$

2. 解下列方程：

(1) $\begin{vmatrix} -1 & 2 & x+1 \\ 1 & x+1 & 2 \\ x+1 & 1 & -1 \end{vmatrix} = 0;$ (2) $\begin{vmatrix} 1 & 1 & 1 \\ x & a & b \\ x^2 & a^2 & b^2 \end{vmatrix} = 0.$

3. 用行列式解下列方程组：

(1) $\begin{cases} 2x - 3y = -2, \\ 3x + 2y = 8; \end{cases}$ (2) $\begin{cases} x + y + z = 3, \\ 2x - y + 3z = 7, \\ 3x + y - 2z = -1. \end{cases}$

练习 6-2 行列式的展开与应用

1. 计算下列行列式：

(1) $\begin{vmatrix} a & b & c \\ b & c & a \\ c & a & b \end{vmatrix}$;

(2) $\begin{vmatrix} 1 & 1 & 1 \\ a & b & c \\ b+c & c+a & a+b \end{vmatrix}$;

(3) $\begin{vmatrix} 1 & 0 & 2 & 4 \\ 0 & 2 & 4 & 1 \\ 2 & 4 & 1 & 0 \\ 4 & 1 & 0 & 2 \end{vmatrix}$;

(4) $\begin{vmatrix} 1 & 1 & 1 & 1 \\ a & b & c & d \\ a^2 & b^2 & c^2 & d^2 \\ a^3 & b^3 & c^3 & d^3 \end{vmatrix}$.

2. 计算下列 n 阶行列式：

(1) $\begin{vmatrix} x & 0 & \cdots & 1 \\ 0 & x & \cdots & 0 \\ \vdots & \vdots & & \vdots \\ 1 & 0 & \cdots & x \end{vmatrix}$;

(2) $\begin{vmatrix} a & b & \cdots & b \\ b & a & \cdots & b \\ \vdots & \vdots & & \vdots \\ b & b & \cdots & a \end{vmatrix}$.

3. 用行列式法解下列线性方程组：

(1) $\begin{cases} x+2y+3z-1=0, \\ 2x+2y+5z-2=0, \\ 3x+5y+z-3=0; \end{cases}$

(2) $\begin{cases} x+y+z=2, \\ x+2y+4z=3, \\ x+3y+9z=5; \end{cases}$

(3) $\begin{cases} x_1-x_2-x_3-x_4=1, \\ x_1-x_2+x_3+x_4=2, \\ x_1+x_2-x_3+x_4=3, \\ x_1+x_2+x_3-x_4=0. \end{cases}$

4. 设下列齐次线性方程组有非零解，求 m 的值：

(1) $\begin{cases} (m+1)x+y=0, \\ x+(m+1)y+z=0, \\ y+(m+1)z=0; \end{cases}$

(2) $\begin{cases} x+y+z=mx, \\ x-y+z=my, \\ x+y-z=mz. \end{cases}$

练习 6-3 矩阵代数

1. 设矩阵

$$A=\begin{pmatrix} 2 & -2 & 3 & 2 \\ 1 & 2 & -1 & 1 \\ -2 & 3 & 0 & -1 \end{pmatrix}, B=\begin{pmatrix} -1 & 1 & 0 & -2 \\ 1 & -2 & 3 & 4 \\ 3 & 2 & -1 & 2 \end{pmatrix}.$$

求 (1) $2A-B$；(2) $2A+3B$；(3) 若 X 满足 $A+X=2B$，求 X.

2. 计算：

(1) $(1 \quad 2 \quad 3)\begin{pmatrix} 2 \\ 4 \\ 6 \end{pmatrix}$;

(2) $\begin{pmatrix} 3 \\ 2 \\ 5 \end{pmatrix}(2 \quad -3)$;

(3) $\begin{pmatrix} 2 & 3 \\ 1 & 2 \end{pmatrix}^2$;

(4) $\begin{pmatrix} -1 & 0 \\ 0 & -1 \end{pmatrix}\begin{pmatrix} A & B \\ C & D \end{pmatrix}$;

(5) $\begin{pmatrix} 3 & 1 & 4 \\ -1 & 2 & 5 \end{pmatrix}\begin{pmatrix} 1 & 3 & 1 & 2 \\ 2 & -1 & 1 & 4 \\ -3 & 2 & -1 & 3 \end{pmatrix}$.

3. 若矩阵 $A = \begin{pmatrix} 1 & 0 \\ a & 1 \end{pmatrix}$，求 $A^2, A^3, \cdots, A^n$.

4. 若矩阵 $A = \begin{pmatrix} 5 & 1 \\ 1 & -5 \end{pmatrix}$，求 A^{10}, A^{20}.

5. 用伴随矩阵求下列矩阵的逆矩阵：

(1) $\begin{pmatrix} 2 & 3 \\ 4 & 5 \end{pmatrix}$；

(2) $\begin{pmatrix} 1 & 1 & -2 \\ -1 & -2 & 0 \\ 2 & 1 & 3 \end{pmatrix}$；

(3) $\begin{pmatrix} 2 & -2 & 3 \\ -1 & 2 & 0 \\ 1 & -2 & 2 \end{pmatrix}$.

6. 解矩阵方程：

(1) $\begin{pmatrix} 3 & 2 \\ -5 & -4 \end{pmatrix} X \begin{pmatrix} 2 & 3 \\ 4 & 8 \end{pmatrix} = \begin{pmatrix} 2 & 0 \\ 1 & 4 \end{pmatrix}$；

(2) $X\begin{pmatrix} 1 & -1 & 2 \\ 1 & 0 & -1 \\ -2 & 1 & 3 \end{pmatrix} = \begin{pmatrix} 1 & 0 & -2 \\ -1 & 2 & 1 \end{pmatrix}.$

7. 用逆矩阵解线性方程组：

(1) $\begin{cases} x_1 + 2x_2 + 3x_3 = 1, \\ 2x_1 + 2x_2 + 5x_3 = 2, \\ 3x_1 + 5x_2 + x_3 = 3; \end{cases}$

(2) $\begin{cases} x_1 + x_2 + x_3 = 2, \\ x_1 + 2x_2 + 4x_3 = 0, \\ x_1 + 3x_2 + x_3 = -3. \end{cases}$

练习 6-4 矩阵的初等变换与秩

1. 用初等变换求逆矩阵：

(1) $\begin{pmatrix} 2 & 6 \\ 0 & 3 \end{pmatrix}$;

(2) $\begin{pmatrix} 1 & 0 & 1 \\ -1 & 2 & 3 \\ -2 & -1 & 1 \end{pmatrix}$;

(3) $\begin{pmatrix} 2 & 3 & 1 \\ 3 & 1 & 4 \\ 1 & 2 & 3 \end{pmatrix}$.

2. 用初等行变换解下列方程组：

(1) $\begin{cases} x_1 + x_2 + 2x_3 - x_4 = 0, \\ 2x_1 + x_2 + x_3 - x_4 = 0, \\ 2x_1 + 2x_2 + x_3 + 2x_4 = 0; \end{cases}$

(2) $\begin{cases} x_1 + 2x_2 + x_3 - x_4 = 0, \\ 3x_1 + 6x_2 - x_3 - 3x_4 = 0, \\ 5x_1 + 10x_2 + x_3 - 5x_4 = 0; \end{cases}$

(3) $\begin{cases} x_1 - 2x_2 + 4x_3 = -5, \\ 2x_1 + 3x_2 + x_3 = 4, \\ 3x_1 + x_2 + 5x_3 = -1, \\ x_1 - x_2 + 3x_3 = -2; \end{cases}$

(4) $\begin{cases} x_1 + 2x_2 - x_3 + x_4 = 1, \\ 2x_1 + 3x_2 - 2x_3 + 2x_4 = 4, \\ 2x_1 + x_2 - 4x_3 - 2x_4 = -2, \\ 3x_1 - 2x_2 + x_3 - 2x_4 = -3. \end{cases}$

3. 求下列矩阵的秩：

(1) $\begin{pmatrix} 1 & -1 & -2 \\ 1 & 2 & -3 \\ -2 & -1 & 5 \end{pmatrix}$;

(2) $\begin{pmatrix} 2 & 2 & -2 & 3 \\ 1 & -1 & 2 & -1 \\ 1 & 3 & -4 & 2 \end{pmatrix}$;

(3) $\begin{pmatrix} 2 & 1 & 3 \\ -1 & 2 & 1 \\ 1 & 3 & 4 \\ 3 & -1 & 2 \end{pmatrix}$;

(4) $\begin{pmatrix} 1 & -1 & 2 & 0 & 1 \\ 2 & -1 & 0 & 1 & -1 \\ 3 & -2 & 2 & 3 & 0 \\ 1 & 0 & -2 & 1 & -2 \end{pmatrix}$.

练习 6-5 线性方程组

1. 解下列齐次线性方程组：

(1) $\begin{cases} x_1 - 2x_2 + 3x_3 = 0, \\ 2x_1 + x_2 - 3x_3 = 0, \\ x_1 + 3x_2 + 2x_3 = 0, \\ 3x_1 - x_2 + 2x_3 = 0; \end{cases}$

(2) $\begin{cases} 2x_1 - 3x_2 + x_3 + 5x_4 = 0, \\ 3x_1 - x_2 - 2x_3 + 4x_4 = 0, \\ x_1 + 2x_2 - 3x_3 - x_4 = 0; \end{cases}$

(3) $\begin{cases} x_1 - 3x_2 - 2x_3 - x_4 = 0, \\ 3x_1 - 8x_2 + x_3 + 5x_4 = 0, \\ 2x_1 - 5x_2 + 3x_3 + 6x_4 = 0, \\ x_1 - 4x_2 + x_3 + 3x_4 = 0. \end{cases}$

2. 解下列非齐次线性方程组：

(1) $\begin{cases} x_1 + 2x_2 + 3x_3 = -1, \\ x_1 + 3x_2 + x_3 = 5, \\ x_1 + x_2 + 5x_3 = -7, \\ 2x_1 + x_2 - 3x_3 = 4; \end{cases}$

(2) $\begin{cases} x_1 + 2x_2 + 2x_3 - 3x_4 = -2, \\ 3x_1 + 3x_2 - 5x_3 + 2x_4 = 5, \\ x_1 + x_2 - 3x_3 + x_4 = 3, \\ 2x_1 + 3x_2 - x_3 - 2x_4 = 1; \end{cases}$

(3) $\begin{cases} x_1 - x_2 + x_3 + x_4 = 2, \\ x_1 - 3x_2 - 3x_3 - 4x_4 = 1, \\ 2x_1 - 4x_2 - 2x_3 - 3x_4 = -3, \\ x_1 - 5x_2 - 7x_3 - 9x_4 = 4. \end{cases}$

3. 设方程组
$$\begin{cases} -2x_1 + x_2 + x_3 = -2, \\ x_1 - 2x_2 + x_3 = \lambda, \\ x_1 + x_2 - 2x_3 = \lambda^2, \end{cases}$$ 当 λ 取何值时方程组有解？并求之.

4. 线性方程组

$$\begin{pmatrix} 1 & \lambda - 2 & 3 \\ 0 & \lambda - 3 & \lambda + 2 \\ 0 & 0 & \lambda + 1 \end{pmatrix} \begin{pmatrix} x_1 \\ x_2 \\ x_3 \end{pmatrix} = \begin{pmatrix} 2 \\ 5 \\ 4 \end{pmatrix},$$

当 λ 为何值时,方程组有:(1)唯一解？(2)无解？(3)无穷多解？并求之.

练习 6-6 线性代数在医学中的应用

1. 测得 16 名成年女子身高(cm)、腿长(cm)的数据如下：

腿长(cm)	89	86	89	92	93	94	94	96
身高(cm)	144	146	147	148	150	151	154	155
腿长(cm)	97	99	98	97	99	100	101	103
身高(cm)	156	157	158	159	160	161	163	165

求身高与腿长的线性回归方程及相关系数.

2. 已知某一疾病指标与 3 种因素相关,现收集到 20 人数据如下表,试求多元线性回归方程.

序号(i)	因素 1(x_{i1})	因素 2(x_{i2})	因素 3(x_{i3})	指标(y_i)
1	3.5	9	6.1	35.2
2	5.3	20	6.4	40.3
3	5.1	18	6.4	38.7
4	5.8	33	6.7	46.8
5	4.2	31	7.5	41.4
6	6.0	13	5.9	37.5
7	6.8	25	6.0	39.0
8	5.5	30	4.0	40.7
9	3.1	5	5.8	30.1
10	7.2	47	8.3	52.9
11	4.5	25	4.9	38.2
12	4.9	11	6.4	31.8
13	8.0	25	7.6	38.2
14	6.5	35	7.0	44.3
15	6.6	38	5.0	38.2
16	3.7	21	4.4	39.2
17	6.2	7	5.5	36.1
18	7.0	40	7.0	47.3
19	4.0	35	6.0	44.5
20	4.5	23	3.5	37.8

第六章测试题

一、选择题

1. 将行列式 A 的第一行乘以 2,再将得到的行列式的第一行加到第二行上,得到行列式 B,则( ).

   A. B 的值与 A 的值相等 B. B 的值是 A 的 2 倍

   C. A 的值是 B 的 2 倍 D. B 的值与 A 的值差一个负号

2. 当 $a=$( )时,行列式 $\begin{vmatrix} 1 & 0 & a \\ -2 & 0 & 4 \\ 0 & 1 & 2 \end{vmatrix}$ 的值为零.

   A. 0 B. 1

   C. -2 D. 2

3. 设 $\boldsymbol{A}=(a_{ij})_{m\times n}$,$\boldsymbol{B}=(b_{ij})_{s\times t}$,且 $\boldsymbol{A}=\boldsymbol{B}$,则( ).

   A. $a=b$ B. $a_{ij}=b_{ij}$

   C. $a_{ij}=b_{ij}$,且 $m=s$,$n=t$ D. $m=s$,$n=t$

4. 设 $\boldsymbol{A}=(a_{ij})_{m\times n}$,$\boldsymbol{B}=(b_{ij})_{s\times t}$,$\boldsymbol{C}=(c_{ij})_{k\times l}$,若 $\boldsymbol{AB}=\boldsymbol{C}$,则( ).

   A. $m=k$,$n=s$ B. $n=s$,$t=l$

   C. $m=k$,$t=l$ D. $m=k$,$n=s$,$t=l$

5. 若矩阵 $\boldsymbol{A}$ 可逆,则 $(\boldsymbol{A}^{\mathrm{T}})^{-1}=$( ).

   A. $\boldsymbol{A}$ B. $\boldsymbol{A}^{\mathrm{T}}$

   C. $(\boldsymbol{A}^{-1})^{\mathrm{T}}$ D. $\boldsymbol{E}$

6. 设 $\boldsymbol{A}$ 是三角形矩阵,若主对角线上的元素( ),则 $\boldsymbol{A}$ 可逆.

   A. 全都为零 B. 可以有零元素

   C. 不全为零 D. 全不为零

7. 若矩阵 $\boldsymbol{A}$ 的行列式等于零,则下列结论正确的是( ).

   A. $\boldsymbol{A}^2$ 是非奇异矩阵 B. $\boldsymbol{A}$ 有逆矩阵

   C. $\boldsymbol{A}$ 是零矩阵 D. 对任意与 $\boldsymbol{A}$ 同阶的矩阵 $\boldsymbol{B}$,有 $|\boldsymbol{AB}|=0$

8. 方程组 $\boldsymbol{Ax}=\boldsymbol{0}$ 的系数矩阵 $\boldsymbol{A}$ 的行列式 $|\boldsymbol{A}|=0$,则方程组有( ).

   A. 唯一的零解 B. 无解 C. 无穷多解 D. 不能确定

9. 矩阵 $\boldsymbol{A}$ 的秩是其行阶梯形矩阵中( ).

   A. 非零行的行数 B. 非零列的列数

   C. 有零的行数 D. 有零的列数

10. 若 $\boldsymbol{AB}=\boldsymbol{O}$,则下列结论正确的是( ).

    A. $\boldsymbol{A}=\boldsymbol{O}$ B. $\boldsymbol{B}=\boldsymbol{O}$

    C. $\boldsymbol{A}$,$\boldsymbol{B}$ 必有一个为 $\boldsymbol{O}$ D. 不一定

二、计算题

1. $\begin{vmatrix} 3 & 2 & 1 \\ -1 & 4 & 0 \\ 1 & -2 & 2 \end{vmatrix}.$

2. $\begin{vmatrix} 1 & 1 & 1 & 1 \\ 2 & 3 & 4 & 5 \\ 4 & 9 & 16 & 25 \\ 8 & 27 & 64 & 125 \end{vmatrix}.$

3. $\begin{vmatrix} 0 & a & b & a \\ a & 0 & a & b \\ b & a & 0 & a \\ a & b & a & 0 \end{vmatrix}.$

4. 解矩阵方程 $\begin{pmatrix} 0 & 1 & 2 \\ 1 & 1 & 4 \\ 2 & -1 & 0 \end{pmatrix} X = \begin{pmatrix} 2 & -1 & 0 \\ 0 & 3 & 2 \\ -2 & 0 & 4 \end{pmatrix}.$

5. 求下列矩阵的秩：

(1) $\begin{pmatrix} 1 & 3 & 7 \\ -4 & -1 & 5 \\ 2 & 0 & -4 \\ 5 & 6 & 8 \\ 3 & 2 & 0 \end{pmatrix}$；

(2) $\begin{pmatrix} 0 & 1 & 1 & -1 & 2 \\ 0 & 2 & 2 & -2 & 0 \\ 0 & -1 & -1 & 1 & 1 \\ 1 & 1 & 0 & 1 & -1 \end{pmatrix}$.

6. 用初等变换解方程组 $\begin{cases} x_1 + x_2 - x_3 = 4, \\ 2x_1 + 3x_2 - 5x_3 = 7, \\ 3x_1 + x_2 + 2x_3 = 13. \end{cases}$

三、解答题

1. λ 取何值时，线性方程组 $\begin{cases} x_1 + x_2 + \lambda x_3 = -2, \\ x_1 + \lambda x_2 + x_3 = -2, \\ \lambda x_1 + x_2 + x_3 = \lambda - 3 \end{cases}$ 有唯一解、无解或无穷多解？在有无穷多解时，求其通解．

2. 解齐次线性方程组 $\begin{cases} 2x_1 + x_2 - x_3 + x_4 = 0, \\ 4x_1 + 2x_2 - 2x_3 + x_4 = 0, \\ 2x_1 + x_2 - x_3 - x_4 = 0. \end{cases}$

3. 解下列非齐次线性方程组：

(1) $\begin{cases} x_1 + x_2 - 3x_3 - x_4 = 1, \\ 3x_1 - x_2 - 3x_3 + 4x_4 = 4, \\ x_1 + 5x_2 - 9x_3 - 8x_4 = 0; \end{cases}$

(2) $\begin{cases} 2x_1 + x_2 - x_3 + x_4 = 1, \\ 4x_1 + 2x_2 - 2x_3 + x_4 = 2, \\ 2x_1 + x_2 - x_3 - x_4 = 1. \end{cases}$

第七章 概率论基础

练习 7-1 随机事件及其概率

一、选择题

1. 设事件 A, B 相互独立,且 $P(A) > 0$, $P(B) > 0$,则下列等式成立的是( ).
   A. $P(A \cup B) = P(A) + P(B)$
   B. $P(A \cup B) = 1 - P(\bar{A})P(\bar{B})$
   C. $P(A \cup B) = P(A)P(B)$
   D. $P(A \cup B) = 1$

2. 设 $P(A) = 0.8$, $P(B) = 0.7$, $P(A \mid B) = 0.8$,则下列结论正确的是( ).
   A. 事件 A, B 相互独立
   B. 事件 A, B 互斥
   C. $A \subseteq B$
   D. $P(A \cup B) = P(A) + P(B)$

3. 下列事件与事件 $A - B$ 不等价的是( ).
   A. $A - AB$
   B. $(A \cup B) - B$
   C. $\bar{A}B$
   D. $A\bar{B}$

4. 设 A, B 为两个随机事件,且 $0 < P(A) < 1$, $P(B) > 0$, $P(B \mid A) = P(B \mid \bar{A})$,则必有 ( ).
   A. $P(A \mid B) = P(\bar{A} \mid B)$
   B. $P(A \mid B) \neq P(\bar{A} \mid B)$
   C. $P(AB) = P(A)P(B)$
   D. $P(AB) \neq P(A)P(B)$

5. 设 A, B 为任意两个事件,且 $A \subset B$, $P(B) > 0$,则下列选项必然成立的是( ).
   A. $P(A) < P(A \mid B)$
   B. $P(A) \leqslant P(A \mid B)$
   C. $P(A) > P(A \mid B)$
   D. $P(A) \geqslant P(A \mid B)$

二、计算题

1. 依次检查三人的肝脏功能,记 $A = $ "第一人正常", $B = $ "第二人正常", $C = $ "第三人正常",试写出下列事件:(1)只有第一人正常;(2)只有一人正常;(3)三人都不正常;(4)至少有一人正常;(5)只有第三人不正常.

2. 设有 3 个人和 4 间房,每个人都等可能地分配到 4 间房的任一间房内,求下列事件的概率:(1)指定的 3 间房内各有 1 人的概率;(2)恰有 3 间房内各有 1 人的概率;(3)指定的一间房内恰有 2 人的概率.

3. 某高校对男性新生体检,除要求达到一般健康标准外,还要求没有色盲或色弱,没有近视,身高在 1.68 m 以上. 设某省参加高考的学生中色盲或色弱占 3%,近视占 21%,身高在 1.68 m 以上占 18%,问考生符合该校体检标准的概率是多少?

4. 某医院采用Ⅰ,Ⅱ,Ⅲ,Ⅳ几种方案医治某种癌症,癌症患者采用这 4 种方案的比例分别为 0.1,0.2,0.25,0.45,其有效率分别为 0.85,0.80,0.70,0.6.问:
(1) 到该院接受治疗的患者,治疗有效的概率为多少?
(2) 如果一患者经治疗而收效,则最有可能接受了哪种方案的治疗?

练习 7-2 随机变量及其分布

一、选择题

1. 若 X 为连续型随机变量,则下列式子不正确的是(   ).
 A. $P(a<X\leqslant b)=P(a\leqslant X<b)$ B. $P(a<X\leqslant b)=P(a\leqslant X\leqslant b)$
 C. $P(a<X<b)=P(a\leqslant X<b)$ D. $P(a<X<b)=\int_{-\infty}^{b}f(x)\mathrm{d}x$

2. 若 $F(x)$ 为随机变量 X 的分布函数,则下列式子正确的是(   ).
 A. $\lim\limits_{x\to-\infty}F(x)=0$,$\lim\limits_{x\to+\infty}F(x)=1$ B. $\lim\limits_{x\to-\infty}F(x)=1$,$\lim\limits_{x\to+\infty}F(x)=0$
 C. $\lim\limits_{x\to-\infty}F(x)=1$,$\lim\limits_{x\to+\infty}F(x)=1$ D. $\lim\limits_{x\to-\infty}F(x)=0$,$\lim\limits_{x\to+\infty}F(x)=0$

3. 设随机变量 X 的分布函数为 $F(x)=\begin{cases}0, & x<-1,\\ \dfrac{1}{6}, & -1\leqslant x<2,\\ \dfrac{2}{3}, & 2\leqslant x<3,\\ 1, & x\geqslant 3,\end{cases}$ 则 $P(X\in(-2,2])=$
(   ).
 A. $\dfrac{1}{2}$ B. $\dfrac{2}{3}$ C. $\dfrac{1}{6}$ D. $\dfrac{5}{6}$

4. 每次试验成功率为 $p(0<p<1)$,进行重复试验,直到第 10 次试验才取得 4 次成功的概率为(   ).
 A. $C_{10}^{4}p^{4}(1-p)^{6}$ B. $C_{9}^{3}p^{4}(1-p)^{6}$
 C. $C_{9}^{4}p^{4}(1-p)^{5}$ D. $C_{9}^{3}p^{3}(1-p)^{6}$

二、计算题

1. 如果连续型随机变量 X 的分布函数为 $F(x)=\begin{cases}a+b\mathrm{e}^{-x}, & x\geqslant 0,\\ 0, & x<0,\end{cases}$ 分别求:
(1) a,b;(2) $P(-1<x<1)$;(3) 密度函数.

2. 设随机变量 X 的密度函数为 $f(x)=\begin{cases}ax^b, & 0<x<1,\\ 0, & 其他\end{cases}$ $(a,b>0)$，如果已知 $P\left(X\leqslant \dfrac{\sqrt{2}}{2}\right)=P\left(X>\dfrac{\sqrt{2}}{2}\right)$，求 a 和 b，并写出分布函数.

3. 已知随机变量 X 只能取 $-1,0,1,2$ 四个值，相应的概率依次为：$\dfrac{1}{2c},\dfrac{3}{4c},\dfrac{5}{8c},\dfrac{7}{16c}$，试求 (1) $P(X<1)$，$P(-1<X<2)$；(2) $Y=2X-1$ 和 $Z=X^2$ 的概率分布律.

4. 某人上班所需要的时间 $X\sim N(30,100)$（单位：min），已知上班时间是 8:30，他每天 7:50 出门，求：(1) 他某天上班迟到的概率；(2) 一周（5 天）最多迟到一次的概率.

练习 7-3 随机变量的数字特征

一、选择题

1. 设随机变量 $X \sim B(n, p)$,且 $E(X)=5$,$D(X)=4$,则 $p=($).

A. $\dfrac{1}{7}$ B. $\dfrac{1}{6}$ C. $\dfrac{1}{5}$ D. $\dfrac{1}{4}$

2. 设随机变量 $X \sim U[-2, 4]$,则 $E(X)$,$D(X)$ 分别为( ).

A. 2,1 B. 1,8 C. 1,3 D. 2,3

3. 下列关于期望和方差的性质错误的是( ).

A. $E(X+Y)=E(X)+E(Y)$ B. $E(XY)=E(X)E(Y)$
C. $D(CX)=C^2 D(X)$ D. $D(C)=0$

4. 设随机变量 X 的概率密度函数 $f(x)=\dfrac{1}{2\sqrt{\pi}} e^{-\frac{(x+3)^2}{4}}$ $(-\infty<x<+\infty)$,若要将 X 转化为标准正态分布,则需要进行的线性变换为( ).

A. $\dfrac{X-3}{\sqrt{2}}$ B. $\dfrac{X+3}{\sqrt{2}}$ C. $\dfrac{X-3}{2}$ D. $\dfrac{X+3}{2}$

5. 已知离散型随机变量 X 的可能值为 $x_1=-1$,$x_2=0$,$x_3=1$,且 $E(X)=0.1$,$D(X)=0.89$,则对应于 x_1,x_2,x_3 的概率 p_1,p_2,p_3 为( ).

A. $p_1=0.4$,$p_2=0.1$,$p_3=0.5$ B. $p_1=0.1$,$p_2=0.4$,$p_3=0.5$
C. $p_1=0.5$,$p_2=0.1$,$p_3=0.4$ D. $p_1=0.4$,$p_2=0.5$,$p_3=0.1$

二、计算题

1. 设随机变量 X 的密度函数 $f(x)=\begin{cases} ax, & 0<x<2, \\ bx+c, & 2\leqslant x\leqslant 4, \\ 0, & \text{其他}, \end{cases}$ 已知 $E(X)=2$,$P(1<X<2)=\dfrac{3}{8}$. 求:(1) a,b,c;(2) 随机变量 $Y=e^X$ 的数学期望和方差.

2. 一批产品中有一、二、三等品及废品 4 种,相应的概率分别为 0.8,0.15,0.04,0.01. 若其产值分别为 20 元、18 元、15 元和 0 元,求产品的平均产值.

3. 某车间完成生产线改造的天数 X 是一随机变量,其分布律如下,所得利润(单位:万元)为 $Y=5(29-X)$,求 $E(X)$,$E(Y)$.

$$X \sim \begin{pmatrix} 26 & 27 & 28 & 29 & 30 \\ 0.1 & 0.2 & 0.4 & 0.2 & 0.1 \end{pmatrix}$$

4. 某医院每周一次从血液中心补充其血液储备. 若每周消耗 ξ 单位,ξ 的密度函数是 $f(x)=5(1-x)^4$,$0<x<1$. 医院的储备规模应该有多大,才能保证一周内血液被用完的可能性小于 0.01?

练习 7-4 大数定律和中心极限定理

一、选择题

1. 已知随机变量 X 的方差 $D(X)=9$，且由切比雪夫不等式有 $P(|X-E(X)|\geq \varepsilon)\leq \dfrac{1}{9}$，则 $\varepsilon=(\quad)$.

   A. $\dfrac{1}{7}$ B. 9   C. $\dfrac{1}{5}$ D. $\dfrac{1}{4}$

2. 设 $X_1, X_2, \cdots, X_9$ 是总体 $X \sim N(1, 0.9^2)$ 的样本，则 $\overline{X}$ 的数学期望和方差为 $(\quad)$.
   A. 2，1   B. 1，8   C. 1，0.09   D. 1，0.5

3. 设 $X_1, X_2, \cdots, X_n$ 是来自总体 $N(\mu, \sigma^2)$ 的样本，对任意的 $\varepsilon>0$，样本均值 $\overline{X}$ 所满足的切比雪夫不等式为 $(\quad)$.

   A. $P(|\overline{X}-n\mu|<\varepsilon)\geq \dfrac{n\sigma^2}{\varepsilon^2}$ B. $P(|\overline{X}-\mu|<\varepsilon)\geq 1-\dfrac{\sigma^2}{n\varepsilon^2}$

   C. $P(|\overline{X}-\mu|\geq \varepsilon)\leq 1-\dfrac{n\sigma^2}{\varepsilon^2}$ D. $P(|\overline{X}-n\mu|\geq \varepsilon)\leq \dfrac{n\sigma^2}{\varepsilon^2}$

4. 设随机变量 X 的 $E(X)=\mu$，$D(X)=\sigma^2$，用切比雪夫不等式估计 $P(|X-E(X)|\leq 3\sigma) \geq (\quad)$.

   A. $\dfrac{1}{9}$ B. $\dfrac{1}{3}$ C. $\dfrac{8}{9}$ D. 1

5. 设 $X_i = \begin{cases} 0, & \text{事件 } A \text{ 不发生}, \\ 1, & \text{事件 } A \text{ 发生} \end{cases}$ $(i=1, 2, \cdots, 10\,000)$，且 $P(A)=0.8$，$X_1, X_2, \cdots, X_{10\,000}$ 相互独立，令 $Y=\sum\limits_{i=1}^{10\,000} X_i$，则由中心极限定理知 Y 近似服从的分布是 $(\quad)$.

   A. $N(0, 1)$ B. $N(8\,000, 40)$
   C. $N(1\,600, 8\,000)$ D. $N(8\,000, 1\,600)$

二、计算题

1. 设一个系统由 100 个相互独立起作用的部件所组成，每个部件损坏的概率为 0.1，必须有 85 个以上完好的部件才能使整个系统工作，求整个系统工作的概率. $\Phi\left(\dfrac{5}{3}\right)=0.952$.

2. 已知生男孩的概率为 0.515，求在 10 000 个新生婴儿中女孩不少于男孩的概率. $\Phi(-3)=0.00135$.

3. 某地区的近视眼患病率为 20%，现从中随机抽取 400 名学生，试用中心极限定理估算，近视眼患者在 64 名到 96 名之间的概率. $\Phi(1)=0.8413$，$\Phi(2)=0.9773$.

4. 设一个车间里有 400 台同类型的机器，每台机器需要用电为 Q W. 由于工艺关系，每台机器并不连续开动，开动的时间只占工作总时间的 $\dfrac{3}{4}$. 问应该供应多少 W 电力才能以 99% 的概率保证该车间的机器正常工作？这里，假定各台机器的停、开是相互独立的. $\Phi(2.33)=0.99$.

第七章测试题

一、选择题

1. 设事件 A，B 满足 $P(A\bar{B})=0.2$，$P(A)=0.6$，则 $P(AB)$ 等于（　　）．
   A. 0.12　　　　B. 0.4　　　　C. 0.6　　　　D. 0.8

2. 任何一个连续型随机变量的概率密度函数 $f(x)$ 一定满足（　　）．
   A. $0 \leqslant f(x) \leqslant 1$
   B. $\lim\limits_{x \to \infty} f(x) = 1$
   C. $\int_{-\infty}^{+\infty} f(x)\,\mathrm{d}x = 1$
   D. 在定义域内单调非减

3. 设 $X \sim N(\mu, \sigma^2)$，当 μ 恒定时，σ 越大（　　）．
   A. 曲线越陡峭
   B. 曲线越平坦
   C. 曲线沿横轴向右移动
   D. 曲线沿横轴向左移动

4. 设 X 与 Y 为两个随机变量，则下列式子正确的是（　　）．
   A. $E(X+Y)=E(X)+E(Y)$
   B. $D(X+Y)=D(X)+D(Y)$
   C. $E(XY)=E(X)E(Y)$
   D. $D(XY)=D(X)D(Y)$

5. 设随机变量 $X \sim \begin{pmatrix} a & b \\ 0.6 & p \end{pmatrix}$ $(a<b)$，又 $E(X)=1.4$，$D(X)=0.24$，则 a，b 的值为（　　）．
   A. $a=1$，$b=2$
   B. $a=-1$，$b=2$
   C. $a=1$，$b=-2$
   D. $a=0$，$b=1$

6. 设随机变量 X 服从参数为 0.5 的指数分布，用切比雪夫不等式估计 $P(|X-2| \geqslant 3) \leqslant$（　　）．
   A. $\dfrac{1}{9}$　　　　B. $\dfrac{1}{3}$　　　　C. $\dfrac{1}{2}$　　　　D. $\dfrac{4}{9}$

二、填空题

1. 袋中放有 3 个红球，2 个白球，第一次取出一球，不放回，第二次再取一球，则两次都是红球的概率是_____．

2. 用 X 射线照射某细菌的死亡数目服从泊松分布，已知在 5 min 内无细菌死亡与恰有一个细菌死亡的概率相同，则泊松分布的参数 $\lambda =$ _____．

3. 设随机变量 X 服从正态分布 $X \sim N(\mu, \sigma^2)$，$\sigma > 0$，且二次方程 $y^2 + 4y + X = 0$ 无实根的概率为 $\dfrac{1}{2}$，则 $\mu =$ _____．

4. 设随机变量 X 的绝对值不大于 1，且 $P(X=-1)=\dfrac{1}{8}$，$P(X=1)=\dfrac{1}{4}$，则 $P(-1 < X < 1)=$ _____．

5. 设随机变量 $X \sim B(100, 0.8)$，由中心极限定理可知，$P(74 < X \leqslant 86) \approx$ _____. ($\Phi(1.5) = 0.9332$)

6. 设随机变量 X 的密度函数 $f(x) = \begin{cases} 4x^3, & 0 < x < 1, \\ 0, & 其他, \end{cases}$ 则当 $a =$ _____ 时，有 $P(X < a) = P(X > a)$.

7. 设随机变量 X 与 Y 相互独立，$D(X) = 2$，$D(Y) = 4$，则 $D(2X - Y) =$ _____.

8. 设 X 表示 10 次独立重复射击命中目标的次数，每次命中目标的概率为 0.4，则 X^2 的数学期望 $E(X^2) =$ _____.

9. 若随机变量 X_1, X_2, X_3 相互独立，且服从相同的两点分布 $\begin{pmatrix} 0 & 1 \\ 0.8 & 0.2 \end{pmatrix}$，则 $X = \sum_{i=1}^{3} X_i$ 服从 _____ 分布.

三、计算题

1. 某人骑车回家须经过 5 个路口，每个路口都设有红绿灯，红灯亮的概率为 $\dfrac{2}{5}$，求：

(1) 此人一路上遇到 3 次红灯的概率；
(2) 一次也没有遇到红灯的概率.

2. 某保险公司把被保险人分为 3 种："谨慎的""一般的""冒失的". 统计资料表明，上述 3 种人在一年内发生事故的概率依次为 0.05，0.15 和 0.30；如果"谨慎的"被保险人占 20%，"一般的"占 50%，"冒失的"占 30%，现知某被保险人在一年内出了事故，则他是"冒失的"的概率是多少?

3. 设 $X \sim N(3, 16)$，求 $P(3.4 < X < 7)$，$P(X \geqslant -1)$. 已知 $\Phi(1) = 0.8413$，$\Phi(0.1) = 0.5398$.

4. 设随机变量 X 的分布函数为

$$F(x)=\begin{cases}2-\mathrm{e}^{-x}, & x\geqslant 0,\\ 0, & x<0.\end{cases}$$

求:(1) $P(X\leqslant 2)$, $P(X>3)$;(2)密度函数 $f(x)$.

5. 设顾客在某银行的窗口等待服务的时间服从 $\lambda=\dfrac{1}{5}$ 的指数分布,其密度函数为 $f(x)=\begin{cases}\dfrac{1}{5}\mathrm{e}^{-\frac{x}{5}}, & x>0,\\ 0, & \text{其他}.\end{cases}$ 某顾客在窗口等待服务,若超过 $10\min$,他就离开.

(1) 设某顾客某天去银行,求他未等到服务就离开的概率.

(2) 设某顾客一个月要去银行 5 次,求他 5 次中至多有 1 次未等到服务就离开的概率.

6. 一仪器同时收到 50 个声音信号 A_i, $i=1,2,\cdots,50$. 设它们相互独立,且都服从在区间 $[0,10]$ 上的均匀分布,记 $U=\sum\limits_{i=1}^{50}A_i$,求 $P(U>300)$. 已知 $\Phi(2.45)=0.9929$.

第八章　MATLAB 软件应用简介

练习 8-1　MATLAB 操作基础

1. 利用 MATLAB 计算下列简单算术运算：
   (1) $2\,158.21+6\,458\div 35$；
   (2) $3.278^{45}-2.56^{32}+3\pi$；
   (3) $\sin 48°+\cos 24°-\ln 3.56$；
   (4) $\tan 56°+|\,3-5.251\,8\,|$.

2. 求下列函数在指定点的函数值：
   (1) $y=3x^5-6x^2+7x-9$，$x=7.23$；

   (2) $y=3^{2x}-2^{3x}$，$x=2.4$；

   (3) $y=3\sin 2x+5\tan 3x$，$x=\dfrac{\pi}{12}$；

(4) $y = 2\ln^2(3x+8) - 5\ln x$,$x = 3.25$.

3. 输入下列向量或矩阵：

(1) (1　2　3　5　8　13　21　34　55);　(2) (1　4　7　10　13　16　19);

(3) $\begin{pmatrix} 7 \\ 2 \\ 5 \\ 4 \end{pmatrix}$;
　　　　　　　　　　　(4) $\begin{pmatrix} 2 \\ 4 \\ 6 \\ 8 \end{pmatrix}$;

(5) $\begin{pmatrix} 2 & -1 & 3 \\ 3 & 1 & -6 \\ 4 & -2 & 9 \end{pmatrix}$;
　　　　　　(6) $\begin{pmatrix} 1 & 1 & 1 & 1 \\ 2 & 3 & 4 & 5 \\ 4 & 9 & 16 & 25 \\ 8 & 27 & 64 & 125 \end{pmatrix}$.

练习 8-2 函 数 作 图

1. 用 plot 命令作 $y = \dfrac{1}{4}x^3 - 1$, $x \in [-2, 2]$, $y = 3^x - \ln x$, $x \in [1, e]$ 的图像(对两条曲线进行标注).

2. 在同一坐标系作函数 $y = \sin 4x$, $x \in [-\pi, \pi]$ 和 $y = \cos 4x$, $x \in [-\pi, \pi]$, 正弦函数用黑实线, 余弦函数用红虚线, 并作标注.

3. 绘出 $z = x^2 + 2y^2$, $x \in [-3, 3]$, $y \in [-2, 2]$ 的网格图.

4. 在空间坐标系作 $z = 2x^2 + 3y^2$, $x \in [-3, 3]$, $y \in [-3, 3]$, 并显示等高线.

5. 绘制方程为 $\begin{cases} x = \sqrt{2}\cos 2t, \\ y = \sqrt{2}\sin 2t, \\ z = \sqrt{3}\,t, \end{cases} t \in [0, 3\pi]$ 的空间曲线图.

6. 绘制矩阵 $A = \begin{pmatrix} 1 & 2 & 4 \\ 3 & 2 & 1 \\ 5 & 1 & 3 \end{pmatrix}$ 的三维条状图.

练习 8-3 微积分运算

1. 求下列极限：

(1) $\lim\limits_{x \to 2} \dfrac{\sqrt{5-x} - \sqrt{x+1}}{x^2 - 4}$；

(2) $\lim\limits_{x \to \infty} x^2 \left(1 - \cos\dfrac{1}{x}\right)$.

2. 求下列导数：

(1) $y = \arcsin\sqrt{1-x^4}$，求 y'；

(2) $x^2 + y^3 + x = 3xy$，求 y'；

(3) $y = \ln\sqrt{\dfrac{1+\sin x}{1-\sin x}}$，求 $y'(0)$.

3. 求下列积分：

(1) $\int_0^1 \dfrac{1-x^2}{1+x^2}\,\mathrm{d}x$;

(2) $\int_0^{\frac{\pi}{2}} \sin^3 x \cos x\,\mathrm{d}x$;

(3) $\int_0^{\frac{\pi}{2}} \dfrac{x+\sin x}{1+\cos x}\,\mathrm{d}x$;

(4) $\int_0^{+\infty} \dfrac{1}{(1+x^2)^3}\,\mathrm{d}x$.

练习 8-4 符号方程的求解

1. 求下列高次方程的解：
$x^4 - 3x^3 + 4x - 2 = 0.$

2. 解下列方程组：
$\begin{cases} 2x^3 + xy - 3y^2 - 2y + 2 = 0, \\ x^3 - 3xy + 2y^2 + 5y - 3 = 0. \end{cases}$

3. 解下列微分方程：

(1) $\dfrac{d^3 y}{dx^3} + y = 0;$

(2) $y'' - 2y' + 5y = e^x \sin 2x.$

4. 求微分方程组 $\begin{cases} x' + 2x - y' = 10\cos t, \quad x\big|_{t=0} = 2, \\ x' + y' + 2y = 4e^{-2t}, \quad y\big|_{t=0} = 0 \end{cases}$ 的特解.

练习 8-5 线性代数计算

1. 计算下列行列式：

(1) $\begin{vmatrix} 5 & 0 & 4 & 2 \\ 1 & 1 & 2 & 1 \\ 4 & 1 & 2 & 0 \\ 1 & 1 & 1 & 1 \end{vmatrix}$；

(2) $\begin{vmatrix} 0 & x & y & z \\ x & 0 & z & y \\ y & z & 0 & x \\ z & y & x & 0 \end{vmatrix}$.

2. 设矩阵

$$A = \begin{pmatrix} 1 & -2 & 1 & 2 \\ 2 & 3 & -4 & 0 \\ -3 & 5 & 0 & -4 \end{pmatrix}, B = \begin{pmatrix} -3 & 3 & 0 & -3 \\ 0 & -4 & 9 & 12 \\ 6 & -8 & -9 & 5 \end{pmatrix}.$$

求：(1) $3A - B$；(2) $2A + 3B$；(3) 若 X 满足 $A + 2X = B$，求 X.

3. 矩阵 $A = \begin{pmatrix} 1 & 2 & 3 & 4 \\ 2 & 3 & 1 & 2 \\ 1 & 1 & 1 & -1 \\ 1 & 0 & -2 & -6 \end{pmatrix}$，求 A 的转置矩阵 A^{T}，逆矩阵 A^{-1}，A^3.

4. 矩阵 $A = \begin{pmatrix} 1 & 2 & -1 & 0 & 3 \\ 2 & -1 & 0 & 1 & -1 \\ 3 & 1 & -1 & 1 & 2 \\ 0 & -5 & 2 & 1 & -7 \end{pmatrix}$，求 A 的秩.

5. 解下列方程组：

(1) $\begin{cases} x_1 + x_2 + x_3 + x_4 = 5, \\ x_1 + 2x_2 - x_3 + 4x_4 = -2, \\ 2x_1 - 3x_2 - x_3 - 5x_4 = -2, \\ 3x_1 + x_2 + 2x_3 + 11x_4 = 0; \end{cases}$

(2) $\begin{cases} x_1 + x_2 + x_5 = 1, \\ x_1 + x_2 - x_3 = 2, \\ x_3 + x_4 + x_5 = 3; \end{cases}$

(3) $\begin{cases} x_1 + x_2 + 2x_3 + x_4 = 1, \\ x_1 + 2x_2 - x_3 + 3x_4 = 2, \\ 2x_1 + 3x_2 + x_3 + 4x_4 = 3, \\ 3x_1 + 5x_2 + 7x_4 = 5, \\ 5x_1 + 8x_2 + x_3 + 11x_4 = 8. \end{cases}$

第八章测试题

一、计算题

1. 求 $\lim\limits_{x \to 0}\left(\dfrac{a^x + b^x + c^x}{3}\right)^{\frac{1}{x}}$.

2. $y = \ln(e^x + \sqrt{1 + e^{2x}})$,求 y',$y'(0)$.

3. $z = u^v$,$u = \ln\sqrt{x^2 + y^2}$,$v = \arctan\dfrac{y}{x}$,求 $\dfrac{\partial z}{\partial x}$,$\dfrac{\partial z}{\partial y}$.

4. $x + y + z = e^{-(x+y+z)}$,求 $\dfrac{\partial z}{\partial x}$,$\dfrac{\partial z}{\partial y}$.

5. 求 $\displaystyle\int \dfrac{x\cos^3 x - \sin x}{\cos^2 x}\,\mathrm{d}x$.

6. 求 $\int_0^a \dfrac{x\,\mathrm{d}x}{\sqrt{a^2-x^2}}\,(a>0)$.

7. 求 $\int_2^{+\infty} \dfrac{x\,\mathrm{d}x}{\sqrt{x^2-3x+2}}$.

8. 求 $\iint\limits_D \dfrac{x\sin y}{y}\,\mathrm{d}x\,\mathrm{d}y$，其中 D 由 $y=x$，$y=x^2$ 所围成.

9. 求微分方程 $y''-3y'+2y=2\mathrm{e}^x$ 满足条件 $y(0)=0$，$y'(0)=1$ 的特解.

10. 求微分方程组 $\begin{cases}\dfrac{\mathrm{d}x}{\mathrm{d}t}+2\dfrac{\mathrm{d}y}{\mathrm{d}t}+y=0,\\ 3\dfrac{\mathrm{d}x}{\mathrm{d}t}+2x+4\dfrac{\mathrm{d}y}{\mathrm{d}t}+3y=t\end{cases}$ 的通解.

二、作图题

1. 在同一坐标系作函数 $y = \sin 2x$,$x \in [-\pi, \pi]$ 和 $y = \cos 2x$,$x \in [-\pi, \pi]$,正弦函数用黑实线,余弦函数用红虚线,加上图标题,并作标注.

2. 在空间坐标系作 $z = 2x^2 + 3y^2$,$x \in [-3, 3]$,$y \in [-3, 3]$,并显示等高线.

三、解答题

解线性方程组 $\begin{cases} x_1 + x_2 + x_3 + x_4 = 5, \\ x_1 + 2x_2 - x_3 + 4x_4 = -2, \\ 2x_1 - 3x_2 - x_3 - 5x_4 = -2, \\ 3x_1 + x_2 + 2x_3 + 11x_4 = 0. \end{cases}$

图书在版编目(CIP)数据

高等数学(医药类)练习册/侯丽英,张圣勤主编. —上海:复旦大学出版社,2021.7
ISBN 978-7-309-15806-9

Ⅰ.①高… Ⅱ.①侯… ②张… Ⅲ.①高等数学-高等学校-习题集 Ⅳ.①O13-44

中国版本图书馆 CIP 数据核字(2021)第 128872 号

高等数学(医药类)练习册
侯丽英　张圣勤　主编
责任编辑/陆俊杰

复旦大学出版社有限公司出版发行
上海市国权路 579 号　邮编:200433
网址:fupnet@fudanpress.com　http://www.fudanpress.com
门市零售:86-21-65102580　　团体订购:86-21-65104505
出版部电话:86-21-65642845
常熟市华顺印刷有限公司

开本 787×1092　1/16　印张 6.25　字数 152 千
2021 年 7 月第 1 版第 1 次印刷

ISBN 978-7-309-15806-9/O·704
定价:20.00 元

如有印装质量问题,请向复旦大学出版社有限公司出版部调换。
版权所有　　侵权必究